光谱检测技术在环境问题中的应用研究

李红莲　王　帆　著

北京理工大学出版社
BEIJING INSTITUTE OF TECHNOLOGY PRESS

内 容 简 介

本书阐述了环境污染检测研究的意义，系统全面地介绍了环境检测技术的基本原理、仪器和系统，并且设计了各种进行气体及土壤监测实验的检测系统。本书分为上、下两篇，上篇包括气体检测技术基本原理、气体检测系统的设计、基于可调谐激光的 CO_2 浓度测量研究、基于超连续谱激光的 CO_2 浓度测量研究、不确定度评定与系统性能分析，下篇包括激光诱导击穿光谱技术（LIBS）的介绍、激光诱导击穿光谱系统的设计、LIBS 光谱实验样品的制备与参数的优化、基于 LIBS 技术对能量阈值及光谱特性随光斑半径变化的分析、实验条件优化及定量分析、土壤元素定量分析的优化。

本书可以提供给从事光谱检测的科研人员、师生、技术和管理人员等阅读和参考。

图书在版编目（CIP）数据

光谱检测技术在环境问题中的应用研究 / 李红莲，王帆著. --北京：北京理工大学出版社，2021.5

ISBN 978-7-5682-9850-6

Ⅰ．①光… Ⅱ．①李… ②王… Ⅲ．①光谱-应用-环境污染-自动检测-研究 Ⅳ．①X5

中国版本图书馆 CIP 数据核字（2021）第 095532 号

出版发行 / 北京理工大学出版社有限责任公司
社　　址 / 北京市海淀区中关村南大街 5 号
邮　　编 / 100081
电　　话 / （010）68914775（总编室）
　　　　　　（010）82562903（教材售后服务热线）
　　　　　　（010）68944723（其他图书服务热线）
网　　址 / http：//www.bitpress.com.cn
经　　销 / 全国各地新华书店
印　　刷 / 三河市华骏印务包装有限公司
开　　本 / 710 毫米×1000 毫米　1/16
印　　张 / 13.75
字　　数 / 247 千字　　　　　　　　　　　责任编辑 / 江　立
版　　次 / 2021 年 5 月第 1 版　2021 年 5 月第 1 次印刷　责任校对 / 刘亚男
定　　价 / 72.00 元　　　　　　　　　　　责任印制 / 李志强

前　言

随着经济社会的发展，作为工业原料的各种气体及重金属使用量不断增加，随之带来的安全问题也越来越严峻。检测生产和生活环境中的气体与土壤污染对于人民生命财产安全、国家经济发展和自然环境保护具有重大意义，因此需要研制快速、准确、高灵敏度的气体检测系统。准确、及时地对环境污染进行监测，对环境保护和石油、化工、煤炭等产业的安全有着重要的意义。

在气体污染领域，产业工厂排出的有毒、易燃、易爆气体会污染大气，严重危害人类的生存环境。对工厂和大气中的这些气体进行实时监测，了解这些气体的泄漏、排放情况，对于环境保护有着重要的意义。因此，研究先进的有毒、易燃、易爆气体的检测方法有着重大意义。吸收光谱法利用了气体会吸收特定波长红外光的性质，是一种灵敏的检测方法。根据朗伯-比尔定律，气体对光强的吸收量受气室光程和气体浓度的影响，当气室光程等实验条件不变时，通过分析经过物质吸收后出射光强度的变化可以反推待测物质的浓度。这种方法利用待测气体分子的特征光谱对其进行检测，分辨率非常高，对不同气体分子的选择性也很好。而且由于是非接触测量，基于这种检测方法的气体检测仪有着很快的响应速度和很长的仪器工作寿命。目前，在气体检测领域，吸收光谱法有着广泛的应用。随着激光器制造工艺的发展，激光器的性能不断提高，基于吸收光谱法的气体检测技术不断成熟。由于我国对气体检测技术的研究起步略晚于国外，目前与国外的检测性能相比还有一定的差距，因此研究高性能的气体检测技术对于促进我国气体检测技术的发展有着重要的意义。

对于土壤污染领域，在农产品生产过程中，随着农用化学剂使用种类及数量的增加，一些重金属及其金属化合物在土壤中的存在污染了土壤，另外在一些工业生产排放的工业废水中也含有许多重金属。随着废水的排放，重金属离子被囤积到土壤中，且难以降解，因此土壤中重金属污染也越来越严重。富集在土壤中的重金属，被农作物通过根吸收，使农作物不能正常生长发育，还会污染粮食籽粒。受污染的粮食被人误食后，过多的重金属会存于人体内，人将出现中毒现象。

激光诱导击穿光谱技术是一种脉冲激光与待测样品之间相互作用的新型光谱分析技术。待测样本吸收了作用于其表面的脉冲激光能量后，其温度开始升高，内部原子的最外层电子获得能量即可摆脱原子核对其束缚而形成自由电子。在高功率脉冲激光作用下，自由电子开始加速互相碰撞，并轰击原子发生雪崩现象，大量的原子、自由电子和离子组合形成高温等离子体。在激光作用后，处于高能态的原子和离子向低能态跃迁并产生带有目标元素特征信息的特征谱线。通过对比分析元素的特征谱线确定待测样品中的元素种类，通过元素的特征谱线强度分析其含量。目前，在土壤检测领域，击穿光谱法有着广泛的应用。随着社会的发展，土壤环境的保护与修复越来越受到人们的重视，因此对能对土壤重金属元素含量进行快速、高效检测的先进检测手段的研究有着重要的意义。

本书集科学性、实用性、普及性于一体，力求理论与实际结合，系统全面地反映光谱检测技术的应用进展。希望本书能够成为从事光谱检测技术研究、教学与应用工作的科研人员、师生、技术人员和管理人员的学习参考书。由于参加本书编写的人员水平有限，虽然几易其稿，力求统一、精练和完善，但时间较匆忙，很难做到详尽，错误和不妥之处在所难免，恳请读者批评指正，以便再版时改进。

编　者

2021 年 7 月

目 录

上 篇

上　篇

第1章

绪 论

1.1 环境检测的研究意义

随着全球经济迅猛发展，工业化和城市化快速推进，能源消耗迅速增加，使得环境污染日益加剧，环境污染问题成为我国乃至全世界亟待解决的问题，并受到了社会各界的广泛关注[1-3]。大气环境污染、水资源污染、土壤污染和噪声污染被视为全球范围内的主要环境污染问题。

1.1.1 大气污染检测的研究意义及现状

大气污染是指大气环境中某些物质增多至有害含量或混入一些有毒的物质，对生态系统和生物生存发展所需的自然环境造成破坏，对人类或其他动植物造成危害的现象。大气污染作为当代环境污染问题中一个亟待解决的重要研究课题，已成为全世界人民都无法逃避的一个现实问题，它严重威胁着人类赖以生存的环境条件，改变着全球气候系统，危害着人们的身体健康。

1. 有毒有害气体

1）氮氧化合物（NO_x）

NO_x 是一类由氮和氧两种元素组成的化合物的通称，它们中的大部分都具有无色无味的特点。氮氧化合物和挥发性有机化合物在日光下互相作用生成臭氧，对人体产生危害。氮氧化合物还会和空气中的另一些物质互相作用，以雨、雪、雾等形式降到地面上，俗称酸雨。有毒的氮氧化合物主要包括 NO 和 NO_2，它们进入人的肺泡后，能形成亚硝酸（HNO_2）和硝酸（HNO_3），对肺组织产生剧烈的刺激作用，增加肺毛细管的通透性，引起支气管炎、肺炎、肺气肿等疾病。亚硝酸盐则与血红蛋白结合，形成高铁血红蛋白，引起组织缺氧。当它们的含量达到 5 ppm① 时，将对人体的呼吸系统和免疫功能产生很大危害；若浓度超过 100 ppm，则人在其中只要生活 0.5 ~ 1 h，就会得肺水肿而死亡。

2）臭氧（O_3）

O_3 是一种在大气层和地球表面都存在的气体。它对人们健康可以是有益的，也可以是有害的，这与它所处的位置有关。如果它存在于大气层的最高层——同温层，地表之上高达 6 ~ 30 千米处，则它是一种有益的气体，能够有效阻止太阳发射的强紫外线对地球上生命的危害。如果 O_3 存在于离地表很近的对流层，则它是一种污染气体，对人们的健康有害，会引起呼吸系统疾病，尤其是对于幼儿；它对农作物、树木等植被也有危害，它还是城市烟雾的主要成分。但无论是大气同温层对人体有益的 O_3，还是对流层有害的 O_3，它们的化学结构都一样。地表 O_3 主要来源于挥发性有机化合物和 NO_x 在太阳光照射下的化学反应。在天气炎热的情况下，汽车发动机和工厂排放废气、汽油的挥发、化学溶剂挥发等都有助于地表 O_3 的形成，因此它主要被认为是夏季污染物。

3）一氧化碳（CO）

CO 是无色无味的有毒气体，它是燃料不完全燃烧的产物。大气中 CO 的主要排放源是机动车辆的发动机。当发动机内空气不足时，会产生大量的 CO。这种情况常常发生在发动机刚刚起动，还没有正常运转时，或在海拔较高处，发动机得不到足够的 O_2 时。室内环境中的 CO 主要来源于燃烟、取暖设备及厨房。取暖设备和厨房产生的 CO 主要是燃料的不完全燃烧引起的。CO 进入人的肺泡后很快会和血红蛋白产生很强的亲和力，使血红蛋白形成碳氧血红蛋白，阻止氧和血红蛋白的结合。一旦碳氧血红蛋白浓度升高，血红蛋白向机体组织运载氧的功能就会受到阻碍，进而影响对供氧不足最为敏感的中枢神经（大脑）和心肌功能，造成组织缺氧，从而使人产生中毒症状。急性 CO 中毒是吸入高浓度 CO 后引起的以中枢神经系统损害为主的全身性疾病，中毒起病急、潜伏期短。

4）二氧化硫（SO_2）

SO_2 是硫化物气体中最常见的一种气体，它易溶于水。硫元素几乎存在于所有的矿产中，包括石油、煤和各种矿石，当这些含硫的矿石被冶炼或汽油、煤等能源被燃烧时就会生成 SO_2。它与 NO_x 一样，会和空气中的另一些物质互相作用，形成酸雨，危害人类的生存环境。它也会形成薄雾影响道路、机场的可见度。SO_2 是一种众所周知的有毒气体，患有心脏病和呼吸道疾病的人对这种气体最为敏感。

---

① 1 ppm = 0.001‰。

SO_2 的浓度达到 1 ~ 5 ppm 时就可闻到臭味，如果在 5 ppm 时长期吸入可引起心悸、呼吸困难等心肺疾病。重者可引起反射性声带痉挛、喉头水肿以致窒息。

5）甲醛（HCHO）

HCHO 是一种无色气体，本身有着非常强烈的刺激性味道，非常容易挥发，是一种毒性较强的致癌物质。HCHO 目前已经被世界卫生组织认定为导致畸形、癌症的物质。HCHO 在我国已经被认定为高污染、高毒性化学用品，HCHO 会让人的皮肤、黏膜、眼睛等产生非常强烈的刺激，可能会引发系统功能失常的问题，还可能导致神经中枢及肝损伤。HCHO 是一种神经毒性物质，可以引起人体的神经功能紊乱。研究长期从事解剖工作的人员的身体状况发现，其在平衡和协调功能、灵敏度、记忆力上都发生了不同程度的降低。而且 HCHO 能引起接触性皮炎和黏膜刺激。HCHO 蒸气在空气中可直接接触皮肤，引起皮肤发红、裂化、皮炎及水疱反应，反复刺激可导致指甲出现软化和黑褐色。

6）苯系物

苯系物已经被相关组织确定为致癌物质，对人的身体会产生严重危害，苯系物产生污染的原理是通过蒸气形式到达人的身体体内，苯系物的液体形态可以被人体皮肤吸收，会对呼吸道与人体破损皮肤产生刺激作用。而慢性苯中毒有时会产生喉头水肿、血小板下降、过敏性皮炎与支气管炎等疾病。长期将苯系物吸入人体，可能会造成人体出现供血障碍，引起人体贫血。短期吸入含苯系物的气体一般会有头痛、眩晕、复视、步态漂移、嗜睡等表现，重症者有抽搐、呼吸中枢麻痹及脑水肿等症状，少数患者出现周围神经损害，苯中毒主要是因为苯系物的亲脂性强，其附于神经细胞表面抑制生物氧化，影响神经递质传递，导致神经元中枢神经系统出现以上症状，若不及时处理最终将导致呼吸衰竭而死亡。

2. 温室气体

大气中的温室气体是地球生命重要的屏障，对气候变化、调节地球大气温度起着至关重要的作用。其中大气中水蒸气（H_2O）、二氧化碳（CO_2）、甲烷（CH_4）是最重要的 3 种温室气体。

H_2O 是大气中重要的温室气体之一，在大气中的浓度为 0 ~ 4%，其强吸收带主要集中在红外波段，能够吸收 20% 的太阳能量[4]，H_2O 所产生的温室效应占总温室效应的 60% 左右。大气中 H_2O 主要来源于湖泊、地表植被、海洋的蒸发等，在上升过程中由于温度降低使其凝结成液态或者固态，通过气流输送到全球各地，并通过降雨或者降雪的方式回归到海洋和陆地上，从而形成大气水循环，起到调节地球温度的作用。

CO_2 是大气中浓度第二高的人为排放的温室气体，其贡献的辐射强度占温室气体总辐射强度的 63.5%，并且化学性质稳定，在大气中存在的时间可达上百年，是主要减排的温室气体[5]。CO_2主要来源于化石燃料的燃烧，如汽车交通、城市供暖、火力发电等行业。另外，CO_2主要汇于海洋和生物圈，绿色植被通过光合作用捕获CO_2，然而大量森林的砍伐、耕地的开发，降低了其对CO_2的捕获能力，导致大气中CO_2浓度发生变化，这种变化对包含陆地、海洋以及大气在内的生物化学圈产生重要的影响，其浓度观测周期与碳循环密切相关。

CH_4是地球上浓度第三高的温室气体，在大气中约为2ppm，虽然远低于大气中CO_2的浓度，但是其辐射强度为CO_2的25倍，对全球温室效应的贡献率约为20%[6]，其具有稳定的化学性质，在大气中的寿命约为12年，属于减排温室气体。CH_4浓度的增长主要与人类生产生活密切相关，其50%~70%的排放和人为因素有关[7]。生物种群的增长、湿地的排放、化石燃料的开采与使用以及人类活动产生垃圾的焚烧都会使其在大气中的浓度增长。此外，大气中CH_4的持续变化导致其源和汇不平衡，主要体现在90%的CH_4会与大气中氢氧自由基发生化学反应而被剔除，并转化为CO_2，导致CO_2浓度上升。

人类生产和社会活动的增多，导致温室气体浓度逐年上升，从而使得全球温度升高。目前，空气污染形势严峻，现已成为人们身体健康的主要杀手，根据世界卫生组织的报道仅在2012年一年中，空气污染直接或间接地导致了多达700万人的死亡，占该年全世界死亡人口的八分之一。因此，开展对大气污染物检测的研究具有非常重要的意义。

1.1.2　土壤污染检测的研究意义及现状

随着世界各地工业的迅猛发展以及城镇化进程的推进，大量的城市污水、工业垃圾等超标排放，使土壤承接了大部分污染[8-9]。《全国土壤污染状况调查公报》中指出，我国部分地区土壤污染情况较为严重，19.4%的耕地存在有机污染物或无机重金属污染物超标的情况，其中，土壤重金属的超标率达到了15%。重金属污染物会随着工业生产排污废水的浇灌、人类生产活动产生的垃圾的不当堆置等积累到土壤中，对土壤造成破坏[10]。土壤中的重金属通过食物链被人摄入体内，对人的身体健康产生危害[11]，因此，土壤重金属污染的治理成为当务之急。

土壤重金属污染具有隐蔽性和潜伏性[12]，且难以被微生物和自然界降解转化，因此，当土壤重金属污染累积到一定程度时，修复受污染的土壤所花费的时间周期长、成本高，对其恢复治理造成困难[13]。土壤重金属污染的检测能够有效预警土壤重金属污染问题，已成为当今土壤污染治理防御的重点。相比于大气污染和水污染，土壤重金属污染是一个长时间累积的过程，具有隐蔽性和极长的潜伏期[14]。不同于有机污染物可利用自然界自身或生物净化降解毒性，重金属化合物是很难被微生物分解转化的，因此土壤的重金属污染如果成为事实是很难治理的。

因此，开展对土壤污染物检测的研究具有非常重要的意义。

1.1.3　水污染检测的研究意义及现状

自然界的水资源中，可供人类取用的水只有河水、淡水湖的水和浅层地下水，这三者加在一起，仅占地球总水量的0.2%，因此地球上人类能利用的淡水资源是极其有限的。我国由于人口众多，人均水资源占有量非常低。我国的水资源现状存在总量紧缺、人均占有量低、地区分布不均、水土资源不相匹配等问题。

水污染是指水体中因某种物质的介入而导致水体物理、化学、生物或放射性等方面特性改变，从而影响水的有效利用，危害人体健康或破坏生态环境，造成水质恶化的现象。从全球范围来看，可以利用的淡水资源已经不能满足人类的需要，并且水环境的质量不断下降，水污染已经造成了水体的功能丧失，从而加重了水资源的危机。据统计数据，全世界范围内，每年排入河流湖泊的废水量已经达到全球水资源总量的14%，水资源短缺和水环境污染已经成为一个严峻的世界性问题[16]。因此迅速有效地控制水污染，提高水资源质量，保证水资源的可持续开发利用，对促进经济社会的可持续发展具有重大意义[17]。

综上所述，环境监测是环境保护的前提和基础，开展对环境监测的研究具有非常重要的意义。

1.2　环境检测技术简介

气体浓度的检测方法分为非光学检测方法和光学测量方法，非光学检测方法可以实现对多种气体的测量，也能满足监测的要求，但是无法实现连续实时监测，并且需要预先取样，其操作烦琐，周期较长；而光学测量方法具有探测范围广、灵敏度高、响应速度快、可实时在线分析等优点，可通过对待测气体吸收光谱分析研究，求得气体浓度，实现光谱技术的非接触测量，对于有害气体的监测更具优势[18]，此外光学测量技术测量的是一段区域的浓度平均值，监测结果比单点测量更具有代表性，因此在环境检测中得到了广泛的应用。

非光学检测方法大致可分为原子吸收光谱法（Atomic Absorption Spectroscopy，AAS）、气相色谱（Gas Chromatography，GC）、光干涉法、被动检气管法和液相色谱法。常见的光学检测方法大致可分为：可调谐半导体激光吸收光谱技术[19-20]（Tunable Diode Laser Absorption Spectroscopy，TDLAS）、差分吸收光谱技术[21-22]（Differential Optical Absorption Spectroscopy，DOAS）、差分吸收激光雷达技术[23]（Differential Absorption Lidar，DIAL）、傅里叶变换吸收光谱技术[24-25]（Fourier Trans-form Infra Red，FTIR）、光声光谱技术[26-27]（Photo Acoustic Spe-ctroscopy，PAS）、

超连续谱激光吸收光谱技术[28]（Super Continuum Laser Absorption Spectroscopy，SCLAS）。

1.2.1 非光学检测方法

1. 原子吸收光谱法

原子吸收光谱法，又称原子分光光度法，是基于待测元素的基态原子蒸气对其特征谱线的吸收，由特征谱线的特征性和谱线被减弱的程度对待测元素进行定性定量分析的一种仪器分析的方法[29]。

1）基本原理

原子吸收光谱法（Atomic Absorption Spectroscopy，AAS）是利用气态原子可以吸收一定波长的光辐射，使原子中外层的电子从基态跃迁到激发态的现象而建立的。各种原子中电子的能级不同，将有选择性地共振吸收一定波长的辐射光，这个共振吸收波长恰好等于该原子受激发后发射光谱的波长，由此可作为元素定性的依据，而吸收辐射的强度可作为定量的依据。

当光源发射的某一特征波长的光通过原子蒸气时，即当入射辐射的频率等于原子中的电子由基态跃迁到较高能态（一般情况下都是第一激发态）所需要的能量频率时，原子中的外层电子将选择性地吸收其同种元素所发射的特征谱线，使入射光减弱。特征谱线因吸收而减弱的程度称为吸光度 A，其在线性范围内与被测元素的含量成正比，即

$$A = KC \tag{1-1}$$

式中，K 为常数，C 为试样浓度，K 包含了所有的常数。此式就是原子吸收光谱法进行定量分析的理论基础。

原子荧光光谱分析法是用激发光源照射含有一定浓度的待测元素的原子蒸气，从而使基态原子跃迁到激发态，然后回到较低能态或基态，发出原子荧光。测定原子荧光的强度即可求得待测样品中该元素的含量[30]。

2）国内外发展及研究现状

（1）国外发展。

第一阶段——原子吸收现象的发现与科学解释。

1802 年，伍朗斯顿（W. H. Wollaston）在研究太阳连续光谱时，发现了太阳连续光谱中出现的暗线。1817 年，弗劳霍费（J. Fraunhofer）再次发现了这些暗线，他不了解产生这些暗线的原因，于是就将这些暗线称为弗劳霍费线。1859 年，克希荷夫（G. Kirchhoff）与本生（R. Bunson）解释了暗线产生的原因。

第二阶段——空心阴极的发现。

1955 年，澳大利亚科学家瓦尔西（A. Walsh）发表了一篇论文《原子吸收光谱在化学分析中的应用》（光谱学报）解决了原子吸收光谱的光源问题，展示了原

子吸收光谱仪。

第三阶段——电热原子化技术的提出。

1959 年，苏联里沃夫发表了电热原子化技术的第一篇论文，大大提高了原子吸收的灵敏度。1965 年，英国化学家威利斯（J. B. Willis）将氧化亚氮-乙炔火焰用于原子吸收分析中，使可分析元素种类从 30 余种增加到 60 余种。

第四阶段——原子吸收分析仪器的发展。

原子吸收技术的发展，推动了原子吸收仪器的不断更新和发展，而其他科学技术的进步为原子吸收仪器的不断更新和发展提供了技术和物质基础。人们使用连续光源和中阶梯光栅，结合使用光导摄像管、二极管阵列多元素分析检测器，设计出了微机控制的原子吸收分光光度计，为解决多元素同时测定开辟了新的前景。微机控制的原子吸收光谱系统简化了仪器结构，提高了仪器的自动化程度，改善了测定准确度，使原子吸收光谱法的面貌发生了重大变化。联用技术（色谱-原子吸收联用、流动注射-原子吸收联用）日益受到人们的重视。色谱-原子吸收联用不仅在解决元素的化学形态分析方面，而且在测定有机化合物的复杂混合物方面都有着重要的用途，是一个很有前途的发展方向。

（2）国内发展。

1963 年，黄本立院士、张展霞教授和钱振彭教授分别著文向国内同行介绍了原子吸收光谱分析法。1964 年，黄本立院士等将蔡司 ID 型滤光片式火焰光度计改装为一台简易原子吸收光谱装置，测定了溶液中的钠，研究了三种醇类对分析信号的影响机理，这是我国学者最早发表的原子吸收光谱分析的研究论文，从此开启了我国原子吸收光谱分析法发展的航程。黄本立院士是我国原子吸收光谱分析法的倡导者和开拓者。原子吸收光谱分析法在我国的发展，大致可分为起步、普及推广、快速发展 3 个阶段。20 世纪 60 年代中期至 70 年代中期的 10 年是起步阶段，主要是向国内推介原子吸收光谱分析法，个别单位和学者利用自己改装或组装的仪器开展小规模的试验研究工作，开始研发与小规模生产原子吸收光谱仪器。1975 年以后的 10 年是我国原子吸收光谱分析普及推广阶段。在这一阶段，翻译了多种国外原子吸收光谱分析的著作，国内学者开始编著出版原子吸收光谱分析专著；长春地质学院、复旦大学、清华大学等高校开始将原子吸收光谱分析法引入教学培养学生；1981 年创办了原子光谱分析的专业期刊《原子光谱分析》（1983 年改为现名《光谱学与光谱分析》）。

20 世纪 80 年代中期以后，我国原子吸收光谱分析开始进入快速发展阶段。在这一阶段，倪哲明和单孝全等在国际上率先提出应用钯基体改进剂，获得国际同行的高度评价，倪哲明被誉为"钯基体改进剂之母"。方肇伦等在流动注射方面出色的研究成果在国际同行中有着重要的影响。1985 年起，开始举办北京分析测试学术报告会及展览会（Beijing Conference and Exhibition on Instrumental Analysis, BCEIA），通过两年一届的 BCEIA 学术交流和展览会，邀请知名原子吸收光谱专家来华讲学，我国一些知名光谱专家如黄本立院士、方肇伦院士、倪哲明教授、张展霞教授以及更多的中青年学者应邀在不同国家举办的国际学术会议上作大会报告或担任顾问委员会委员，出任国际分析化学期刊编审。

2. 气相色谱法

气相色谱（Gas Chromatography，GC）是 20 世纪 50 年代出现的一项重大科学技术成就。这是一种新的分离、分析技术，它在工业、农业、国防、建设、科学研究中都得到了广泛应用。气相色谱可分为气固色谱和气液色谱。气固色谱指流动相是气体、固定相是固体物质的色谱分离方法，如活性炭、硅胶等作固定相。气液色谱指流动相是气体、固定相是液体的色谱分离方法。例如，在惰性材料硅藻土上涂上一层角鲨烷，可以分离、测定纯乙烯中的微量甲烷、乙炔、丙烯、丙烷等杂质。

1）原理

GC 主要是利用物质的沸点、极性及吸附性质的差异来实现混合物的分离的。待分析样本在汽化室汽化后被惰性气体（载气，也称为流动相）带入色谱柱，柱内含有液体或固体固定相，由于样本中各组分的沸点、极性或吸附性能不同，每种组分都倾向于在流动相和固定相之间形成分配或吸附平衡。但由于载气是流动的，这种平衡实际上很难建立起来。也正是由于载气的流动，样本组分在运动中进行反复多次的分配或吸附/解吸附，结果使在载气中浓度大的组分先流出色谱柱，而在固定相中分配浓度大的组分后流出。当组分流出色谱柱后，立即进入检测器。检测器能够将样本组分转变为电信号，而电信号的大小与被测组分的量或浓度成正比。当将这些信号放大并记录下来时，就是气相色谱图了。

2）研究进展

GC 色谱的发展与下面两个方面的发展是密不可分的。一是气相色谱分离技术的发展，二是其他学科和技术的发展。

1952 年，James 和 Martin 提出气液相色谱法，同时也发明了第一个气相色谱检测器。这是一个接在填充柱出口的滴定装置，用来检测脂肪酸的分离。用滴定溶液体积对时间做图，得到积分色谱图。以后，他们又发明了气体密度天平。1954 年 Ray 提出热导计，开创了现代气相色谱检测器的时代。20 世纪 60 ~ 70 年代，由于气相色谱技术的发展，柱效大为提高，环境科学等学科的发展提出了痕量分析的要求，因此又陆续出现了一些高灵敏度、高选择性的检测器，如 1960 年，Lovelock 提出电子俘获检测器（Electron Capture Detector，ECD）；1966 年，Brody 等发明了火焰光度检测器（Flame Photometric Detector，FPD）；1974 年，Kolb 和

Bischoff 提出了电加热的氮磷检测器（Nitrogen Phosphorus Detector，NPD）；1976年，美国 HNU 公司推出了实用的窗式光电离检测器（Photo-Ionization Detector，PID）等。20 世纪 80 年代，弹性石英毛细管柱的快速广泛应用，对检测器提出了体积小、响应快、灵敏度高、选择性好的要求，特别是计算机和软件的发展，使热导检测器（Thermal Conductivity Detector，TCD）、FID、ECD 和 NPD 的灵敏度和稳定性均有很大提高，TCD 和 ECD 的池体积大大缩小。

进入 20 世纪 90 年代，电子技术、计算机和软件的飞速发展使质谱检测器（Mass Spectrometric Detector，MSD）生产成本和复杂性下降，以及稳定性和耐用性增加，从而使 MSD 成为最通用的气相色谱检测器之一。其间出现了非放射性的脉冲放电电子俘获检测器（Pulsed Discharge Electron Capture Detector，PDECD）、脉冲放电氦电离检测器（Pulsed Discharge Helium Ionization Deterctor，PDHID）和脉冲放电光电离检测器（Pulsed Discharge Ionization Capture Detector，PDICD）以及集这三者于一体的脉冲放电检测器（Pulsed Discharge Deterctor，PDD）。4 年后，美国 Varian 公司推出了商品仪器，它比通常 FPD 灵敏度高 100 倍。另外，快速 GC 和全二维 GC 等快速分离技术的迅猛发展，促使快速 GC 检测方法逐渐成熟。

3. 光干涉法

光干涉方法是利用光干涉原理设计成的一种物理方法，主要技术手段是各种干涉仪。光的干涉是若干个光波（成员波）相遇时产生的光强分布不等于由各个成员波单独造成的光强分布之和，而是出现明暗相间的条纹的现象。干涉现象通常表现为光强在空间做相当稳定的明暗相间条纹分布；有时则表现为当干涉装置的某一参量随时间改变时，在某一固定点处接收到的光强按一定规律做强弱交替的变化。

1）原理

对于满足一定条件的两个或两个以上的光波，在它们相交的区域，各点的光强度与光波单独作用所生成光强度之和可能是极不相同的，有些地方的光强度近于零，而另一些地方的光强度则较各光波单独作用时所生成强度之和大得多，这种现象称为光的干涉。要产生光的干涉现象，相遇的光波必须满足 3 个基本条件：（1）两光源的振动频率（或光波波长）相同；（2）两光源的振动相位差要维持不变；（3）两光源的振动方向要相同。满足这 3 个基本条件的两个光源称作相干光源，换言之，只有相干光才能产生光的干涉现象。平时所见到的两个完全独立的光源（如两只蜡烛发出的光，两盏日光灯或白炽灯发出的光）显然不是相干光源，所以就不能发生干涉的现象了。但是在日常生活中很容易见到光的干涉现象，例如，肥皂泡上的彩色条纹，就是光在肥皂膜上形成干涉图案。大雨之后马路低洼之处形成积水，如果水面上有油滴，在日光照射下，油膜上也会显现出各种不同的彩色条纹，这些都是光的干涉现象。

对于一个纯干涉问题（衍射现象可以忽略），光在传播过程中，其波阵面没有受到明显的限制，光的传播仍按直线进行。例如，油膜、肥皂膜、劈尖等干涉，光线通过这些障碍物后，其光程差是由这些障碍物的厚度（或两光束之间的距离）、折射率、光线入射角度及光的波长等因素产生的，如菲涅耳双面镜、菲涅耳棱镜及埃洛镜的干涉情况。另外，可以注意到，在干涉中参加干涉的光束数目是有限的，如双光干涉是指两束光；对多光束干涉，虽然光束数目可以很多，但毕竟是个有限的量，用数学方法来处理叠加过程即是对有限量的求和[31]。

2）研究进展

现代长基线 Michelson 干涉测量始于法国的 Laberyie 实验室。1974 年，Laberyie 实验室首次使用两个独立的望远镜（Interferomtre a Deux Telescopes, I2T）直接观测到干涉条纹，后来又发展了（Grand Interferometre a Deux Telescopes, GI2T）做红外和可见光探测。美国的 Mark Ⅰ、Mark Ⅱ、Mark Ⅲ 光干涉仪是一个系列计划，它们相继被研制成功，并取得了惊人的成果。下面几个例子说明光干涉技术在天文应用中已取得了重要的进展。

20 世纪 80～90 年代，安装在美国 Wilson 山的 Mark Ⅲ 干涉仪已经在恒星角直径测定、恒星位置测定和双星研究等方面取得了令人瞩目的成果，其观测精度或分辨率都比传统方法高 1～2 个数量级，可以和空间单口径望远镜的观测结果相媲美。同时，它也为现代空间干涉仪提供了地面样机试验。

澳大利亚悉尼大学的光干涉阵（Sydney University Stellar Interferometer, SUSI）由 2 个 0.14 m 望远镜组成，最长基线 640 m，是目前地面干涉仪中基线最长的光干涉阵。其科学研究目标：研究恒星的辐射流量、温度、半径、光度等；双星的间距、质量；变星的距离；发射线星的尺寸、发射区、辐射流量、温度等；恒星形成区；临边昏暗；星际消光等。目前，它已使用 80 m 基线 442 nm 红端波长得到了干涉结果，以后将逐渐扩展到最长基线，并向蓝端发展。

英国剑桥的干涉阵（Cambridge Optical Aperture Synthesis Telescope, COAST）由 4 个 0.4 m 望远镜组成，基线 100 m，可进行高角分辨率（1 mas）成像，主要用于研究恒星表面、主序前恒星的气壳、变星、星周物质、行星状星云、密近双星等。1995 年该阵首先利用闭合相位技术获得了综合孔径成像。目前它已发展到 5 个单元，取得了一批可见光和红外观测结果。

美国海军天文台的干涉仪（Navy Prototype Op-tical Interferometer, NPOI）是一个用于成像的光干涉仪阵，它的 6 个"定天镜"（0.35 m）放在 Y 形阵的 3 个臂上，最长基线 64 m，最短基线 7 m，具有 32 个光谱通道，波长覆盖范围 450～850 nm，主要用于天体测量、精确定位（精度达到毫角秒级），以及对双星、恒星表面等成像。目前已经在双星探测上取得了结果。

光干涉仪在天体测量和综合孔径成像等方面取得的高精度测量结果，显示这种技术存在巨大的发展潜力。因此 20 世纪 80 年代以来，各种光干涉仪计划的数量迅速增加，并由小口径向大口径、两单元向多单元、干涉测量向综合孔径成像、可见光向红外波段、地基向空基不断地发展进步。90 年代以来，国际天文界每年召集专题国际会议和各种短训班，以研讨光干涉仪的相关技术和理论问题。目前，光干涉仪已在天文地基观测中使用，并开始走向成熟。

4. 被动式检气管法

被动式检气管法是一种简单的、直读式的、扩散式的、显色和比长度的检测方法，可以用来检测 NH_3、CO_2、H_2S、NO_2、SO_2。这些检气管能直接读出显色长度，加上采样时间，转化为加权平均浓度，无须进行化学分析。被动式检气管是建立在气体分子扩散（Fick 定律）和化学吸收原理上的。它是集被动采样与分析于一体的一种制作简便、价格低廉的快速检测用具。它体积小、无噪声、价格便宜、操作简便、能快速分析并直接表征结果，便于现场指导。它还可以佩戴在操作人身上，跟随人们的活动连续监测，很少维护或不用维护，安全可靠，所以对其研究有着重要的意义[32]。

1）原理

检气管是将用适当试剂浸泡过的多孔颗粒状载体填充于玻璃管中制成的，当被测气体以一定流速通过此管时，被测组分与试剂发生显色反应，根据生成有色化合物的颜色深度或填充柱的变色长度确定被测气体的浓度。检气管法适用于测定空气中的气态或蒸气态物质，但不适合测定形成气溶胶的物质[33]。

2）研究进展

大方面上，我国环境大气污染治理方面急需相关技术手段对有害气体进行检测和监测，我国大气污染主要来源有两个方面，第一为工业生产废气排放；第二为移动污染源排放。在小方面，对一些有害气体检测，对于生产生活具有重要意义。我国对于电化学有害气体检测技术的研究起步较晚，现在仍处于发展的初级阶段[34]。且在模式识别、微型化和集成化等关键技术上与国际上已经取得的成果相比存在着差距。如果将不同类型的电化学传感器集于一身可同时测试气体的浓度、压力、温度和流速等物理性质。

（1）国外研究现状。

由于农业生产、工业污染治理等方面的相关需求，国外对于有害气体电化学传感器技术大力研究。欧美等国家将最新的研究成果及时应用于传感器阵列进行改进，更加促进了相关传感器的更新及进步，且在各个领域行业中得到很好的应用。通过研究新材料，从而提高传感器的性能；通过剥离高定向热解石墨首次得到独立存在的高质量石墨烯，同时还研究了石墨烯的电学性能，对石墨烯材料检测敏感性气体奠定了坚实基础。

而有害气体电化学传感器技术，在国外比较突出的当属有害气体电化学传感器阵列技术，该技术最早兴起于科技先进的欧美地区和国家，这些地区和国家在有害气体电化学传感器阵列信号处理与模式识别这一领域的创新性较强，早在1995年就出现了商品化的设备，其对于多种有害气体检测十分有效。目前，德国的相关产品有一定的市场规模，且相关商品化气体检测系统也相应问世。

（2）国内研究现状。

国内对于有害气体检测研究专家主要分为两类，第一类是清华大学贺克斌院士、中科院合肥物质科学研究院安光所刘文清院士、中国环境科学研究院柴发合研究员、中国气象科学研究院张小曳研究员、中科院大气物理所王自发研究员、中科院武汉物理与数学研究所李发泉研究员等，他们对于有害气体检测的研究处于国内前沿，主要以光学法对有害气体进行检测。另一类专家主要以电化学方法对有害气体进行相关检测，主要代表人物有厦门大学田昭武院士、解放军防化研究院杨裕生院士、中科院长春应化所汪尔康院士、中科院长春应化所董绍俊研究员（第三世界科学院院士）、南京大学陈洪渊院士、中科院长春应化所杨秀荣院士、中科院化学所李永舫院士、厦门大学田中群院士、北京大学刘忠范院士、中国电化学委员会主任万立骏院士、中国电化学委员会主任孙世刚教授、中国电化学委员会副主任陈军教授、中国电化学委员会副主任夏永姚教授等。

5. 高效液相色谱法

1903年，俄国植物学家 M. S. Tswett 发表了题为"一种新型吸附现象及其在生化分析上的应用"的研究论文，文中第一次提出了应用吸附原理分离植物色素的新方法。1906年，他命名这种方法为色谱法。这种简易的分离技术奠定了传统色谱法的基础。高效液相色谱的发展始于20世纪60年代中后期。60年代末，科克兰、哈伯、荷瓦斯、莆黑斯、里普斯克等人开发了世界上第一台高效液相色谱仪，开启了高效液相色谱的时代。1971年，科克兰等人出版了《液相色谱的现代实践》一书，标志着高效液相色谱法正式建立。1975年，Small 发明了以离子交换剂为固定相、强电解质为流动相，采用抑制型电导检测的新型离子色谱法。在此后的时间里，高效液相色谱成为最为常用的分离和检测手段，在有机化学、生物化学、医学、药物学与检测、化工、食品科学、环境监测、商检和法检等方面都有广泛的应用[35]。

高效液相色谱法是色谱法的一个重要分支，以液体为流动相，通过高压输液系统，把不同极性的单一溶剂或不同比例的混合溶剂、缓冲液等流动相泵入装有固定相的色谱柱，在柱内各成分被分离后，进入检测器进行检测，从而实现对试样的分析。高效液相色谱已经有将近三十年的发展历史，在色谱原理研究、仪器水平、离子分离分析方面有了很大的进步。

1.2.2　光学检测方法

1. 可调谐半导体激光吸收光谱技术

可调谐激光检测技术最早出现于 20 世纪 60 年代中期，美国斯坦福大学最先开展基于吸收光谱的气体检测技术论证，并首次采用直接吸收法，采集到了平焰炉燃烧组分中 CO 的吸收光谱，提出了双谱线比值测温法，奠定了可调谐二极管激光吸收光谱（Tunable Diode Laser Absorption Spectroscop，TDLAS）测量燃烧场参数的基础。到了 20 世纪 90 年代，光纤通信技术的快速发展，使得各种各样的激光器迅速发展起来，价格昂贵且对测量条件要求严格的铅盐二极管激光已不能满足测量需求[36]，发展相对成熟且价格适中的分布式反馈激光器（Distributed Feed Back，DFB）进入研究者们的视野，研究成本的降低使得 TDLAS 技术在美国、法国、德国及日本等国家得以迅速发展。Reid 提出将波长调制技术应用于 TDLAS 检测，可去除实验系统中的中低频背景噪声[37]。1983 年，Chan 等[38] 将 LED 作为光源，与窄带干涉滤光片相结合，对 1 331.2 nm 附近的 CH_4 吸收谱线进行了检测。1994 年，Bergamaschi 等[39] 通过直接吸收光谱技术结合 TDLAS 技术对大气中的 CH_4 进行了研究报道。1995 年，Sirju 等[40] 利用 TDLAS 技术对 HCHO 浓度进行了测量研究。同年，Weldon 等[41] 利用 DFB 激光器对 1.57 μm 附近的 H_2S 和 CO_2 的浓度进行了测量，最终实现了两种气体的同时探测。2000 年，Nakaya 等[42] 采用中心波长为 1 660 nm 的二极管激光器，对大气中的 CH_4 二次谐波信号进行了连续测量。2006 年，Barbu 等[43] 采用波长为 1 877 nm 的 DFB 激光器对 H_2O 和 CO_2 浓度进行了同时测量。2013 年，Rice 等[44] 将 TDLAS 技术和望远镜系统相结合，利用开放式光程对 O_2 在 760 nm 处的吸收谱线进行了高精度检测。2015 年，Bolshov 等[45] 将 TDLAS 技术作为一种燃烧诊断技术实现了对气体浓度、压力的测量。2017 年，Brueckner 等[46] 通过 TDLAS 技术对 O_2 和 CO_2 进行浓度测量，对该技术在检测微生物生长方面的应用性能进行了评估。2018 年，Qu 等[47] 利用 TDLAS 技术对环境中的水蒸气、气体温度以及气相原子钾同时进行了检测。

相比国外而言，我国对于 TDLAS 技术的研究是从 20 世纪 90 年代末开始的，起步比较晚，但发展还是比较迅速的，该技术在我国具有广阔的应用前景，特别是以中科院安徽光学精密研究所、中科院半导体所为代表的国内科研机构，利用 TDLAS 技术在环境监测以及生态测量等方面研究出了很多新的成果。此外，我国的天津大学、清华大学、浙江大学等一些知名高校也在 TDLAS 技术领域有所发展。通过调研，目前 TDLAS 技术主要应用在燃烧诊断方面、工业测量方面、食品方面、生物学以及 CO、CO_2、NH_3 等气体检测方面。在食品方面，中国科技大学最早开展了关于 TDLAS 波长调制技术的二次和高次谐波信号的理论仿真计算和实验研究。天津大学对可调谐二极管吸收光谱的参数优化、气体浓度检测、平焰炉燃烧温度的测量有了实验性研究进展。2006 年, 中国科学院安徽光学精密机械研究所的阚瑞峰等[48] 将 TDLAS 技术与长吸收光程技术相结合, 研发了一个便携式光谱仪, 并利用谐波检测技术对大气中 CH_4 进行浓度检测, 取得了良好的测量结果, 检测限达到了 10^{-7}。2009 年, 顾海涛等[49] 同时对 CO 和 CO_2 进行测量, 得到 CO 和 CO_2 的检测限分别为 4.2×10^{-4} 和 2.2×10^{-4}, 研究结果为工业领域中 CO 和 CO_2 浓度的同时测量提供了借鉴。张怀林[50] 利用中心波长为 2.73 μm 的 DFB 激光器对呼吸气体中的 CO_2 和水汽进行同时测量, 结果显示波长调制技术较直接吸收技术探测灵敏度提高了约 22 倍。2016 年, 李彬等[51] 采用波长为 1 654 nm 的分布反馈激光器, 结合开放式光学探头以及高灵敏度的铟镓砷光电探测器, 研制了近红外甲烷气体检测系统。2017 年, He 等[52] 采用 1.534 μm 的 DFB 激光器, 利用 TDLAS 波长调制光谱技术对 200 ~ 10 000 ppm 的乙炔气体进行了测量, 得到的相对误差低于 5%。2019 年, 顾利帅[53] 开发了基于 TDLAS 的一氧化碳浓度检测系统, 使用一次谐波对二次谐波进行归一化处理, 消除光强传输的影响, 系统使用了 FPGA+MCU 架构进行数据处理, 结果表明检测误差小于 1 ppm。2020 年, 中国石油大学钟笠等[54], 基于 TDLAS 技术, 提出了一种独立于光谱线型特征的数值仿真方法, 优化了试验参数, 使得装置在 0 ~ 1% 量程内的最大相对误差为 0.55%。

虽然目前在国内外 TDLAS 技术应用领域较为广泛, 但受其最主要部件——二极管激光器的限制, TDLAS 技术仍存在许多问题: 一是激光器的波长调谐范围较窄, 因此单一激光器测量气体的种类较为单一, 要实现同时检测多种气体, 还需采用多个激光器分时扫描多路的方法[55], 导致系统结构复杂, 经济性差; 二是温度变化对激光器输出波长的稳定性影响较大, 所以需要对测量温度进行高精度控制[56-57], 这无疑又增加了系统的成本和结构的复杂性; 三是单纵模输出、高功率的激光器等还需要更进一步的研究。

TDLAS 是利用激光器波长调制通过被测气体的特征吸收区, 在二极管激光器与长光程吸收池技术相结合的基础上发展的一种新型痕量气体检测方法, 是一种具有分辨率高、选择性强、灵敏度高的气体检测技术, 可实现实时在线、非接触式测量[58]。此外, 该技术因其方便快捷、易于使用的优点在气体监测、工业过程控制、气体管道泄漏以及生物医学等众多领域得到了大范围的推广和应用。TDLAS 技术始于 20 世纪 80 年代, 由 Hinkley[59] 和 Reid[60] 提出, 其工作原理为通过调节激光器的工作温度和电流来对输出波长进行调谐, 使激光器的输出波长可以扫过待测气体一个完整的吸收谱线, 调节后的激光经准直系统至待测气体, 对采集的吸收光谱信息进行定量分析, 进而计算出待测气体浓度。迄今为止, 该技术发展较为成熟，与波长调制技术相结合可探测低浓度气体[61-63]，被广泛应用于大气污染物检测、燃烧诊断、同位素分析及航天航空等领域。

可调谐半导体激光器结构小巧、成本低，并具有窄线宽、窄波长的特点，输出波长会随着工作温度和电流的变化而变化，是工业检测领域的理想光源。TDLAS 技术具有选择性强、探测灵敏度高及分辨率高等特点，其中由于激光器的窄线宽和可调谐性，在测量过程中增强了抗干扰能力。

TDLAS 的探测波段主要在 $2 \sim 15\ \mu m$ 的中红外区。其主要利用二极管激光器波长的可调谐性，采用波长高频调制技术，在高频下完成光电检测。其基本原理是光通过待测气体时会有所吸收，且激光的衰减程度与待测气体的浓度大小成正比。

在实际的 TDLAS 系统中会有噪声存在，其噪声主要来自 4 个方面：探测器噪声、激光额外噪声、剩余调制幅度引起的偏移噪声和光学干涉条纹。探测器噪声包括散粒噪声、热噪声和 $1/f$ 噪声；激光额外噪声来源多样，包括激光器自身噪声、振动、电流和温度调制时输入信号的不稳定。对于上述所提到的 TDLAS 系统噪声，目前主要通过以下方法进行减弱：提高检测频率、缩小带宽、使用高稳定性恒流源、精细光路等。

2. 差分吸收光谱技术

差分光学吸收光谱技术（Differential Optical Absorption Spectroscopy，DOAS）始于 20 世纪 70 年代末，由德国 Heidelberg 环境物理研究所的 Platt 教授[64] 提出。20 世纪 80 年代出现了被动 DOAS 技术，随后出现了主动 DOAS 技术。1986 年，瑞典 OPSIS 公司确定了主动 DOAS 系统的基本结构[65]，DOAS 系统的常用结构主要可分为两类：一类是分体式结构，即光源发射和接收系统分别位于光路的两端；另一类是一体式结构，该结构借助角锥棱镜，使发射和接收部分位于光路的同侧而组成一个整体，一体式结构相对于分体式结构来说结构复杂、体积庞大、仪器调整和光路校准困难。此后出现了宽带腔增强 DOAS 技术（Cavity Enhanced Differential Optical Absorption Spectroscopy，CE-DOAS）[66]，在光源上可以选择氙弧灯、LEDs 和宽谱激光器等，采用无源谐振器来提供 DOAS 技术中的光传输路径，从而弥补了 DOAS 技术由于光程太长在一些现场应用时受限的不足。1993 年，Edner 等[67] 采用氙灯作为 DOAS 系统光源，测量了长光程中大气污染物 NO_2、SO_2、O_3 的平均浓度。1995 年，Brauers 等[68] 采用多通道扫描的方式提高了 DOAS 系统的探测灵敏度。20 世纪 90 年代以来，相继出现了将 DOAS 技术与信息学分析方法有机地结合应用于测量大气中污染气体的若干报道。1996 年，Stutz、Platt[69] 对浓度反演方法进行了改进，采用非线性最小二乘法消除光谱的平移、拉伸和压缩对测量的影响，提高了测量的准确性。2000 年，针对高精细结构光谱，Maurellis 等[70] 提出了一种参数反演法，使得 DOAS 向红外光谱区扩展有了可能。2007 年，李素文、刘文清等[71-72]采用蒙特卡罗方法获得了差分吸收光谱法反演气体浓度的误差；李素文等[73]提出应用卡尔曼滤波进行差分吸收光谱校正，有效地消除了吸收光谱结构中的重叠问题。2002年，张寅超等[74]研发的激光雷达系统成功地应用于近地面大气NO_2浓度测量。2008年，汤光华等[75]针对低浓度、短光程等信噪比低的光谱信号，设计了基于遗传算法的DOAS技术SO_2浓度反演算法，可获得较宽的动态测量范围。2011年，吴丰成等[76]将差分吸收光谱遥感技术应用于车载监测系统中，测量了城市NO_2分布信息。从2000年以来采用DOAS技术成功监测了烟气及大气中的多种污染物浓度，近年来DOAS技术的研究集中在便携式车载DOAS技术[77]、星载DOAS技术上[78]。

DOAS技术的基本原理是利用气体分子在不同的波长范围具有的不同的吸收特性，将气体的吸收谱分为随波长缓慢变化的部分和快速变化部分（差分部分）两种特征，并根据差分吸收光谱的强度反演出气体的浓度[79-80]。其中，快速变化部分主要由分子吸收引起，而缓慢变化部分主要由光源的波动、仪器漂移和散射等引起。

DOAS技术已被成功应用于许多空气污染检测工作中，如NO、NH_3、O_3、CS_2、NO_2及有机物检测等，并且DOAS技术也可以检测工业中SO_2的排放。DOAS技术相对于传统化学检测方法来说，无须对样本气体进行采样，不仅降低了采集误差，也不会破坏气体分子结构。因其测量的是沿长光程上的气体平均浓度，所以测量数据更加可靠[81]。DOAS技术的优势还在于测量范围广、灵敏度高、仪器设备简单、成本低以及可实时在线检测等，但不足之处是操作相对困难，对外部环境要求较高，需根据气体的种类找出最佳光程及最优波段。此外由于DOAS是一种弱光谱分析技术，易受到噪声、大气中杂光及颗粒的影响，很难对气体进行高精度测量。

综上所述，DOAS技术可在开放的大气路径中实现对痕量气体的测量。DOAS技术利用差分吸收截面与吸光度即可得到痕量气体的浓度。该技术可以有效地消除Rayleigh散射、Mie散射和其他消光气体的影响。可实现实时在线测量，可同时测量多个波长，可同时进行多个组分的测量，它不需要对仪器的校准或仪器的传输特性完全熟知，仅要求仪器必须在测量期间保持相对的光谱稳定性。其缺点包括测量结果是污染气体在光路上的平均值，不能精确定位到某测量点；且该技术只适用于具有窄带吸收特征的气体分子，并非所有种类的污染气体均可被测量，测量灵敏度不如某些技术高。

3. 差分吸收激光雷达技术

差分吸收激光雷达技术（Differential Absorption Lidar，DIAL）起于20世纪70年代，在检测大气中水蒸气时提出，最早应用于大气污染物NO_2的检测[82]，20世纪 80 年代，Killinger 等人研制了小型的 DIAL 系统，在探测过程中，使用该小型 DIAL 系统探测到了 2.7 km 距离的肼和偏二甲肼等污染气体，这次探测实验也是首次利用 DIAL 探测到红外波段肼化物和碳氢化物的[83]。

20 世纪 80 年代末至 90 年代初，美国国家航空航天局首次研制了一台机载的差分吸收激光雷达，可以测量大气中的多种毒害气体，包括 O_3、SO_2 和氮氧化物，同时也可以进行水汽探测[84]。20 世纪 90 年代，DIAL 的探测开始在车载系统中应用。斯坦福研究院利用变频激光器设计了多波长差分吸收激光雷达，用于测量 CO_2 气体浓度[85]。1993 年，中国科学院安徽光机所研制了一台紫外波段的 DIAL[86]。安徽光机所在合肥市使用该雷达进行了探测实验，实验结果表明该雷达可以探测到平流层的 O_3[87]。2006 年，安徽光机所又研制了车载 DIAL，激光器发射波长为 288.38 nm 和 289.04 nm，并对工厂周围排放的 SO_2 进行了探测，测到了工厂烟囱排放的 SO_2 浓度[88]。2013 年，安徽光机所又设计了新的用于测量 SO_2 的 DIAL 系统，系统波长对分别为 300.05 nm 和 301.5 nm。相比之前的 DIAL 系统，该波长对探测精度更高、激光器的输出功率更加稳定、探测距离更远、精度也有较大提升，实现了对大气中 SO_2 气体浓度长时间稳定检测[89]。2015 年，中国科学院大学刘豪等人研制的连续波差分吸收激光雷达系统，是国内首台可以实现全天候连续测量大气 CO_2 浓度的差分吸收激光雷达系统，实验获得了上海地区连续多天的 CO 浓度观测数据，且其随机误差为 2 ppmV①[90]。2016 年，中科院上海技术物理研究所研制了一套 935 nm 波段的 DIAL 系统，用于大气水汽的探测，实测了上海周边对流边界层的水汽含量，该系统距离分辨率为 30 m，时间分辨率为 60 s，昼夜观测的结果和气象地面站分别进行了比对，测量误差均小于 0.1 g/m³[91]。

随着激光器功率的不断增强，DIAL 逐渐应用于实际测量中。激光在大气中传输时，会与大气中的粒子（气溶胶等大粒子和气体分子等小粒子）发生相互作用。大气中的这些粒子在光照射下，会向各个方向发出散射光。DIAL 的测量原理是激光雷达发出短脉冲激光进入待测物质，待测物质吸收激光的同时并对激光脉冲产生散射现象，系统探测到散射回波后形成相应的散射光谱，通过对散射信号与另一束光进行差分运算，得到待测物质浓度信息。

实际上，我们所提取的信息为待测物质吸收激光的信息，可知 DIAL 既用到了散射光谱又用到了吸收光谱。DIAL 利用激光的高亮度和高时间、空间的相干性等优势，并与气体分子对光的特征吸收和散射特性相结合实现了对污染物的远距离监测[92-93]。DIAL 具有灵敏度高、探测范围广和远距离监测等优点，能实现对待测物质的定性、定量分析，但由于 DIAL 系统成本较高且结构复杂，尤其对激光器的

---

① 1 ppmV = 10^{-6}，百万分体积比。

高功率、窄脉宽和可调谐的严要求高标准，导致了 DIAL 应用的局限性。

4. 傅里叶变换吸收光谱技术

傅里叶变换红外吸收光谱技术（Fourier Transform Infrared Spectroscopy，FTIR）是一种应用较早的光学分析技术，其对痕量气体的检测研究始于 20 世纪 90 年代中期，在红外光谱分析方面有着广泛应用，因为大部分污染气体在红外区域都有所吸收，因此 FTIR 可实现多种污染气体[94-96]测量。杜建华等[97]通过研究火灾引燃过程中的 CO 和 CO_2 浓度变化曲线，进行时间序列建模分析，得出材料引燃过程中的气体释放规律，为早期火灾探测提供了参考依据。徐亮等利用 FTIR 技术测量在开发长光程环境中的有害气体，其中对 N_2O 的浓度测量达到了 ppb 级①[98]。运用傅里叶变换红外光谱技术（FTIR）进行多组分混合气体测量时，不可避免地会遇到噪声的干扰，如电噪声、样品背景和测量仪器的振动等[99]，所以进行噪声的去除是不可缺少的一个重要环节。Walczak 等[100]采用小波包变换对需要模式识别的近红外光谱数据进行预处理，与标准正态变换方法和不预处理方法进行比较，小波包变换预处理能够提高分类效果。Barclay 等[101]利用小波变换对质谱图和色谱图进行了平滑、去噪和数据压缩，将小波变换同 Savitzky-Golay 平滑算法和傅里叶变换滤波算法进行比较，认为小波滤波算法优于其他算法，并且具有压缩数据的优点。Jouan-Rimbaud 等[102]利用小波变换技术对近红外光谱数据进行相关组分提取，使用小波变换对近红外光谱数据进行预处理，提取出光谱信息中的噪声部分和非相关信息，使 RCE-PLS 模型预测更准确。Collantes 等[103]在利用人工神经网络技术解析药品中杂质特征色谱时，用小波包对数据进行预处理，并与其他方法进行对比，结果表明，利用 Haar 小波函数对数据预处理，能够使数据点的输入量减少，且计算结果优于其他方法。杜文等[104]利用离散小波变换重构近红外光谱，建立近红外分析模型。结果表明，小波变换在消除噪声的同时不引入其他干扰因素，并且能够同时进行基线扣除和滤噪的计算。王洪等[105]利用 Daubechies 的正交紧支集小波和 Mallat 算法，实现红外光谱数据的重构和压缩，在数据压缩为原来 1/5 时，仍能很好地重构原谱图，重构的光谱数据与原光谱数据之间的均方差为 0.260。Blanco 等[106]将近红外光谱技术与 PCA-ANN 联用，构建了苹果质量等级划分的最优预测模型，为鉴定苹果质量提供了一种简便的方法。Fu 等[107]采用 PCA 与神经网络法相结合的方法，成功地鉴定了枇杷产地、种类，结果良好。Prats-Montal 等[108]使用不同模式识别技术：SIMCA、PCA、PLSDA、LDA，对工厂焊接过程进行分类，证明 PLSDA 方法的效果比其他方法有效。何勇等[109]利用近红外光谱技术结合 PCA 人工神经网络建立了苹果品种预测模型，达到了很好的

---

① 1 ppb = 10^{-9}。

识别效果。黄敏等[110] 人应用可见-近红外光谱技术结合 PLS-ANN 法，对不同婴幼儿奶粉品种进行建模分析，效果理想。

其测量原理是红外光源经准直器，使激光以平行光的形式穿过待测物质，通过分析仪得到吸收光谱，之后进行光谱分析得到待测物质浓度。FTIR 具有分辨率高、灵敏度高、重复性低等优势，但系统的局限性在于 FTIR 由于傅里叶光谱仪体积较大的原因一般仅适用于实验室内检测，并且仪器昂贵，在测量过程中复杂的傅里叶计算使得系统响应时间较长。

5. 光声光谱技术

1880 年，人们首次发现了固体光声效应，此后第二年，分别在气体和液体中发现了声波信号的存在。在之后的几十年中，由于激励光源以及传感器性能的限制，光声光谱技术没有得到很好的发展。随着激光器的诞生，在 1968 年，Kerr 等[111] 首次将脉冲红宝石激光器应用到光声光谱传感器中，并测量了大气中的水分子的浓度。1971 年，Wattamaniuk 等[112] 采用氦激光器搭建了甲烷光声传感系统，获得了极高的探测灵敏度（10 ppb），并且根据他们的理论推导，得出光声光谱技术甚至可以达到 ppt① 量级的探测极限，远远高于其他气体分析技术的探测灵敏度。Harren 等[113] 在 1990 年对激光器内部的吸收光声光谱仪进行研究设计，并且在基于 CO_2 的基础上对兰花凋谢时释放的气体进行了检测，尤其对 C_2H_4 进行了检测，其灵敏度达到 20×10^{-12}。此后，在 1996 年激光器内腔的光声光谱检测系统被进一步优化，使得其对 C_2H_4 的检测灵敏度大幅度提升，达到了 6×10^{-12}[114]。

在国内，最早开展光谱仪研发的团队是中科院长春研究所，1978 年成功研制出两种气体和固体光声信号检测仪[115]。2001 年，大连理工大学的于清旭进行了样品气体的光声光谱检测，试验中他将浓度为 0.1% 的 CH_4 样品气体置于不同的气压之下，利用连续可调谐窄带线宽的激光脉冲进行检测，并且得到了较满意的结果[116]，2004 年我国研制出光纤气体传感器，这一传感器对光声光谱技术进行了充分利用，哈尔滨工业大学王书涛等[117] 在对光声信号进行检测时利用光纤相位传感器对传统的微音器进行了替代，通过对 SO_2 气体的检测得出其最低检测灵敏度为 1.2×10^{-10}，从而实现了光声光谱技术与光纤技术的有效融合。2017 年，曹晔等[118] 利用研制的开放光路对射式 FTIR 检测系统对作业环境中的偏二甲肼和 NO_2 进行连续检测，得到吸收光谱，再使用 Marquardt 非线性最小二乘法进行浓度反演，测量结果表明，该检测系统能准确监测偏二甲肼和 NO_2 气体浓度，光谱分辨率为 $1~cm^{-1}$，并具有很高的信噪比，最低检测浓度在 1 ppm 以下，对 UDMH 和 NO_2

①　1 ppt = 10^{-12}。

的测量误差均小于 10%。2019 年，Zhang 等[119] 提出了一种基于频分复用的痕量双组分气体检测系统，该系统可以同时测量 CH_4 和水蒸气的双组分气体，其检测限分别低至 11 ppm 和 885 ppb。同年，Guo 等[120] 使用悬臂梁增强光声光谱技术对 NH_3 的浓度进行测量，制作了一个厚度为 10 μm 的悬臂梁结构，在共振频率下通过二次谐波检测方法测得 NH_3 的极限最低检测浓度为 3.2 ppb。

光声光谱检测技术以光到声音转换的原理为理论基础。当 DFB 半导体激光器的输出光被气体分子吸收后，基态的气体分子获得能量跃迁到激发态，之后经过无辐射跃迁或辐射跃迁回到基态并辐射能量。当激光器的调制时间远大于目标气体时，无辐射跃迁的能量变化与频率的控制相同，释放的能量导致了气体分子具有相同规律的体积膨胀或压缩。由理想气态方程可知，短时间内当气体体积不变时，温度增加而导致压力升高，温度的周期性改变就导致了压强的周期性改变，从而生成压力波。当激光器调制周期处于声波周期领域时，即可实现光到声的转换，即光声效应。

光声光谱检测技术气体检测系统示意如图 1-1 所示，经过三角波和正弦波调制的激光器发出覆盖待测气体吸收谱线中心频率的单色光，在光声池内与被测气体发生光声效应，产生声音信号，微音器将声音信号转换为电信号，经过信号处理电路，最终实现对待测气体的测量。

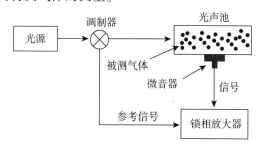

图 1-1　光声光谱检测技术气体检测系统示意

6. 超连续谱激光吸收光谱技术

超连续谱激光吸收光谱技术（Super Continuum Laser Absorption Spectrosecopy，SCLAS）在 20 世纪 70 年代首次应用，国外研究学者 Alfano 等[121] 将 Nd 玻璃锁模激光器作为光源，利用 530 nm 皮秒脉冲激光泵浦硼硅酸盐块状玻璃，最终得到了可见光范围为 400 ~ 700 nm 的超连续谱激光。超连续谱激光产生的原因是脉冲激光在经过非线性介质后，出射光谱中会产生新的频率成分，使光谱范围得以展宽，进而形成超连续谱。SCLAS 技术被广泛应用在光学成像及光纤通信等领域。

1999 年，G. A. Nowak 等通过在光纤中传输光脉冲实验，得到的超连续谱宽度可达 200 nm[122]。2000 年，Ranka 等[123] 实验得到了 400 ~ 1 600 nm 的超连续谱，并验证了 PCF 在 SC 产生中的重要地位。进入 21 世纪后，高非线性光纤制造技术及激光器的快速发展，使得 SC 的产生可通过多种方法获取，SC 光谱范围也在逐步扩宽。2003 年，Nicholson 等[124] 研究得到功率为 50 mW，波长为 1 000 ~ 2 200 nm 的超连续谱。2004 年，Hori 等[125] 采用 100 飞秒的激光脉冲通过非线性光纤后，得到的超连续谱谱宽超过了 1 000 nm。2005 年，英国 Travers 等[126] 利用皮秒锁模掺镱光纤激光器泵浦光子晶体光纤（Photonic Crystal Fiber，PCF），获得了功率为 0.89 W、光谱范围为 350 ~ 1 800 nm 的超连续谱激光。2008 年，Brown 等利用长光程、激光雷达等方法对大气中的气体成分进行了测量[127-128]，同年，英国帝国大学 Femtosecond 光学组采用非线性光纤激光器对 PCF 泵浦，最终得到了谱宽达到 1 060 ~ 1 670 nm 的超连续谱，平均功率可以达到 29 W[129]。2010 年，德国 Bethge 等使用峰值功率为 150 MW 的中心波长为 1 200 nm 的激光抽运注水的液芯 PCF，得到了波长范围为 410 ~ 1 640 nm 的 SC[130]。2011 年，NKT Photonics 公司在美国西部光电展展会上推出了新系列的光纤超连续谱激光器[131]。2013 年，Facão 等[132] 对长为 800 m 的高非线性光纤进行 SC 产生的数值模拟，得到了较好的结果，同年，美国 Churin 等[133] 采用锁模光纤激光器产生了 1 460 ~ 2 100 nm 和 1 790 ~ 2 400 nm 的 SC。

国内对 SCLAS 技术的研究起步相对较晚，2006 年，李晓青等[134] 采用非线性被动锁模光纤激光器产生脉冲，经过放大器放大后，抽运 PCF 产生了谱宽为 140 nm 的超连续谱。2009 年，Xia 等[135] 使用 1 550 nm 脉冲激光器泵浦单模氟化物光纤得到了 800 ~ 4 500 nm 的超连激光谱。2010 年，方晓惠等[136] 将掺镱光纤激光器作为抽运源，并对光纤色散曲线进行特殊设计，最终实现了 3.95 W 的高功率超连续谱输出，光谱输出范围为 500 ~ 1 750 nm。2013 年，国防科技大学谌鸿伟等[137] 利用 141.6 W 的光纤激光器泵浦长 20 m 的 PCF，实现了光谱范围覆盖 750 ~ 1 700 nm 的 104.2 W 全光纤结构超连续谱输出。高静[138] 将 SC 作为光源，通过提高泵浦脉冲激光功率，输出了 470 ~ 1 700 nm 的光谱。2014 年，Yang 等[139] 使用较高功率的 1 960 nm 皮秒脉冲激光器泵浦，得到了谱宽为 1 900 ~ 4 300 nm 的超连续谱激光器，平均功率可以高达 13 W。2015 年，Jiang 等[140] 提到了超连续谱激光可以通过氟化物光子晶体光纤来产生，波长范围为 200 ~ 2 500 nm。2016 年，Xin 等[141] 利用皮秒锁模脉冲泵浦 1.8 m 的 PCF，获得了光谱覆盖范围为 385 ~ 2 400 nm 的 30.4 W 全光纤超连续谱激光。

超连续谱激光是一种新型光源，被称为白光激光，可输出宽光谱激光，具有单色激光源的高亮度、高空间相干性等特点，可提高检测信噪比，但由于超连续谱激光（SC）频谱较宽，因此时间相关性较差。

　　超连续谱激光器主要包括三个子系统：低功率的被动锁模光纤激光器（主源）、包层泵浦大功率光纤放大器和高非线性超连续（SC）谱发生器，主源发出脉冲经隔离器至高功率放大器，功率放大后在非线性光纤作用下产生展宽光谱，其光谱被输出镜片收集后输出，工作原理如图1-2所示。

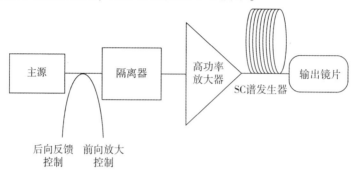

图1-2　超连续谱激光器工作原理

1.3　本章小结

　　本章首先从大气环境污染、土壤污染以及水资源污染三个方面介绍了环境检测的意义，然后介绍了几种常见的非光学环境检测方法以及光学检测方法，并从原理、国内外研究现状、基本系统等方面对其进行了概述分析。

第 2 章

气体检测技术基本原理

2.1　理论基础

　　光谱分为吸收光谱、发射光谱、散射光谱，其中吸收光谱在物质的成分分析、结构分析以及各种科学研究工作中得到了广泛的关注和应用。对气体浓度进行测量一般采用对吸收光谱进行测量的方法进行研究。吸收光谱是物质通过对光子的吸收，从低能级跃迁到高能级而产生的光谱。吸收光谱一般是线状谱或者吸收带。气体分子由于其自身结构都有其特征性的吸收光谱，通过对气体吸收光谱的测量就能够完成对气体浓度的定性与定量分析。

2.1.1　气体的光谱吸收原理

　　光是一种电磁波，组成光的基本粒子称为光子。通常人眼可以看到的光是一种波长范围为 380 ~ 780 nm 的可见光谱，可见光谱是整个光谱中的一部分。每一种气体分子都有自己的组成结构，当一定波长光束照射到气体分子后，物质会吸收光束的能量，实现低能级到高能级跃迁。测量吸收光强就可以得到待测气体的特征吸收波谱，每种气体都有自己的特征波谱，通过特征波谱可以实现对气体的定性分析，根据分子吸收光强多少可以对其实现定量分析。气体分子的内部结构，导致不同的分子内电子分布、能量结构不同。分子相互作用、微观上的宏观变化，导致气体吸收或辐射光谱不同。根据主导力，分子光谱的谱带在波段上是不同的。电子转移分子吸收光谱（200 ~ 400 nm）在紫外波段，振动和转动的谐波吸收近红外波长（700 nm ~ 2.5 μm），基频吸收红外线的波长（2.5 ~ 14 μm），如表 2-1

所示。

表 2-1　不同气体分子的吸收光谱范围

波段范围	吸收方式
200～400 nm 是紫外波段	电子跃迁
700 nm～2.5 μm 是近红外波段	分子振动和转动泛频吸收
2.5～14 μm 是中红外波段	分子振动和转动基频吸收

由于气体分子吸收现象的存在，当一个容器内的一束光通过气体分子时，气体吸收谱线会存在一定强度的减弱。我们可以测量气体分子的种类、浓度、温度和压强。

2.1.2　气体分子光谱理论

从微观角度考虑，气体内部存在多种状态的微观运动，不同运动状态对应着不同能量，当气体分子吸收光子能被激发后，就会产生不同能级间的过度现象，形成吸收光谱。分子由若干个原子组成，原子的结构包括原子核和周围环绕的电子。分子的运动是一种复杂的多体运动，包括分子内部电子绕原子核做不规则相对运动、分子内原子之间的振动和分子本身的转动。不同的运动状态对应着不同的能级，分别为电子能级、振动能级和转动能级，这些能级发生跃迁现象就会产生分子光谱。不同原子组成分子，原子间价电子和化学键组成电子能级。振动能由原子振动和核相互作用组成，分子转动将构成转动能级。不同类型的原子组成的分子不同，能级不同。原子结构复杂，分子结构也复杂。但是普朗克认为波尔和爱因斯坦的分子能理论不连续，是量子化的。分子的总能量表达式如下：

$$E_m = E_e + E_v + E_t + E_{v_0} + E_0 \qquad (2-1)$$

式中，E_e 是电子传递能量，E_v 是振动能，E_r 是转动能量，E_t 是简并能，E_{v_0} 是基态能量，E_0 是初始能量。

1. 气体分子能级结构理论

分子内部能按顺序依次减弱，分子大部分能量由振动能、转动能和电子运动能组成，剩余能量由基态能量和内能简并能组成，剩余能量可忽略。应该注意的是，分子的运动不是独立的而是相互关联的。运动状态会对其他两种能量产生影响。

当气体分子从能量状态 E'_m 经过吸收能量达到 $E''_m (> E'_m)$ 状态时，吸收频率用表达式如下：

$$v_m = \frac{E''_m - E'_m}{h} = \frac{1}{h}\left[(E''_e + E''_v + E''_r) - (E'_e + E'_v + E'_r) \right]$$

$$= \frac{1}{h}(\Delta E_e + \Delta E_v + \Delta E_r) = v_e + v_v + v_r \tag{2-2}$$

式中，v_m 是吸收频率，h 是普朗克常数，v_e 是电子能级频率，v_v 是振动能频率，v_r 是转动能频率。

当气体分子从基态吸收能量到激发态时，这一过程不只是与分子电子能量有关，还与振动和转动能有关。由于电子的外部布局和原子间的相互作用，吸收光谱不是一个单一的谱线，而是一个具有一定宽度的精细结构。图 2-1 所示为分子能级分布。

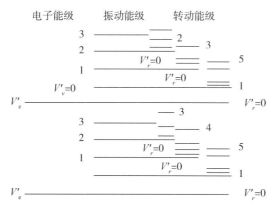

图 2-1　分子能级分布示意

能级的转换有能量吸收或辐射伴随。根据变换型，气体吸收光谱可以分为振动光谱、旋转谱、振动旋转和电子光谱 4 种类型。由于气体分子的大部分光谱是由分子的电子跃迁引起的，所以可见光谱的电子跃迁光谱在可见光谱的范围内。在这个范围内，最主要的是气体分子的振动。

2. 气体分子吸收光谱的产生

当只有转动能级跃迁时，吸收或释放的能量 ΔE_r 为 $10^{-4} \sim 5\times10^{-2}$ eV，会产生位于微波和远红外区的转动光谱；当只有振动能级跃迁时，吸收或释放的能量 ΔE_v 为 $0.05 \sim 1$ eV，产生的振动光谱位于红外光区域；当只有电子能级跃迁时，吸收或释放的能量 ΔE_e 为 $1 \sim 20$ eV，产生的光谱位于紫外和可见光区域。在实际中分子振动能级在发生跃迁时常常会同时发生转动能级的跃迁，此时产生的光谱为振转谱。在电子能级跃迁时，常会同时发生振转能级的跃迁，此时产生的光谱为电子光谱。因此，电子光谱不再是线状光谱，而是一组一组的谱线形成的非常密集的谱带，这称为带状光谱。气体分子红外吸收光谱产生的原因是分子内部振动能级和转动能级的跃迁。不同运动能级的波长范围如表 2-2 所示。

表 2-2　不同的运动能级的波长范围

运动能级	相邻能级差	对应波长范围	所属电磁波段	吸收光谱类型
电子	$1 \sim 20$ eV	$60 \sim 1\,250$ nm	可见、紫外	电子光谱
振动	$0.05 \sim 1$ eV	$1.25 \sim 50$ μm	近红外、中红外	红外光谱
转动	$10^{-4} \sim 0.025$ eV	$500 \sim 1\,000$ μm	近红外、微波	转动光谱

从图 2-2 中可以看出，X 射线谱区、紫外谱区、可见光谱区主要是发生电子跃迁；红外谱区发生分子振动和转动跃迁；微波、无线电波、射频谱区以发生转动跃迁为主。电子跃迁、振动跃迁、转动跃迁分别对应着电子能级、振动能级和转动能级，这些能级也是量子化的，其中转动能级（ΔE_1）间距最小，振动能级（ΔE_2）次之，电子能级（ΔE_3）间距最大[142]。

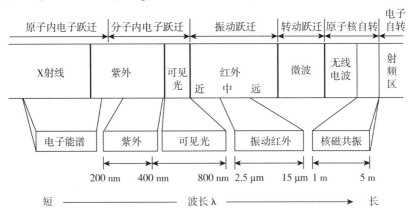

图 2-2　光谱划分与能量跃迁

气体分子的每个吸收峰都有一个中心频率和特定的宽度，而不是一条直线，这是由谱线展宽造成的。根据产生原因不同，谱线展宽可以分成自然展宽、多普勒展宽和碰撞展宽 3 种[143-145]。自然展宽是由分子自发辐射的不稳定性造成的，由于处于激发态气体分子存在时间的不同，激发态的能量值有一个不确定的范围，也就是说能量分布在一定范围内，因此，从该能级跃迁产生的光谱，也具有一定的宽度。自然展宽的线型函数是洛伦兹线型。多普勒展宽又称为高斯展宽，是由粒子无规则热运动引起的。在分子无规则热运动的过程中，运动着的分子在探测方向的速度分量会影响其发光频率。如果运动方向远离探测器，则从探测器的角度看，其发光频率低于静止分子；反之，如果运动方向朝向探测器，则其频率高于静止分子。由于气体分子的无规则热运动，会产生许多频率不同的吸收线，从而引起谱线的加宽和变形。通常，由于朝各个方向运动的分子数是相同的，因此分子吸收谱线的中心频率保持不变，两侧会对称变宽。多普勒展宽的线型函数是高斯线型。分子光谱的碰撞展宽也称为洛伦兹展宽，是激发态分子在运动过程中与其他分子碰撞造成的，这种碰撞会造成分子激发态的寿命变短谱线带宽变大。碰撞展宽随着气体压力的增大越来越明显，这是因为压力越大气体分子密度越大，发生碰撞的平均时间越小，气体分子碰撞越频繁，碰撞引起的展宽越明显。碰撞展宽的线型同自然展宽一样也是洛伦兹线型。在标准大气压下，碰撞展宽对分子谱线展宽的影响约为多普勒展宽的 6 倍以上。因此，在非低压情况下我们可以认为分子谱线展宽主要由碰撞展宽决定[146]。

2.1.3 朗伯–比尔定律

朗伯–比尔定律也称为比尔–朗伯定律，它是红外气体检测理论的基础。朗伯–比尔定律需要满足以下几点才能成立：入射光必须为平行单色光；入射光照射方向与待测吸收物质垂直；待测吸收物质均匀分布；入射光与吸收物质之间除了吸收过程外没有其他相互作用。在气体检测中，根据朗伯–比尔定律，当气体有效吸收光程一定时，光强的吸收量是气体浓度的函数，通过测量与气体反应后透射光的强度，经过计算可以得出待测气体的浓度。原理示意如图 2–3 所示。当激光穿过均匀气体介质后，光强就会发生衰减，经过探测器就会得到衰减后的光强，通过衰减前后的光强变化就能得到待测气体浓度等相关信息。

图 2–3 朗伯–比尔定律原理示意

朗伯–比尔定律公式如下：

$$I_t(v) = I_0(v) \exp[-S(T)g(v-v_0)PNL] \tag{2-3}$$

式中，$I_0(v)$ 和 $I_t(v)$ 分别为入射光和出射光的强度，$S(T)$ 为气体的谱线强度，$g(v-v_0)$ 为该谱线的线型函数，P 为压强，N 为待测气体浓度，L 为气体吸收光径长度。通过推导得出浓度 N 的表达式如下：

$$N = \frac{-\ln\left(\dfrac{I_t}{I_0}\right)}{S(T)g(v-v_0)PL} \tag{2-4}$$

式中，线型函数满足 $\int_{-\infty}^{\infty} g(v-v_0)\mathrm{d}v = 1$，因此待测气体浓度 N 的表达式如下：

$$N = \frac{\int_{-\infty}^{+\infty} -\ln(\frac{I_t}{I_0})\,\mathrm{d}v}{PS(T)L} = \frac{A}{PS(T)L} \qquad (2-5)$$

式中，A 为吸光度的积分，则待测气体的吸光度可表示为

$$A = PS(T)LN \qquad (2-6)$$

在实际测量过程当中，I_0 一般通过对所测到的原始吸收信号的无吸收翼的拟合得到，扣除基线后可得到直接吸收光谱。图 2-4 中给出了扫描波长直接吸收方法得到的（a）原始吸收信号以及（b）扣除基线后的吸收光谱信号。吸收光谱与基线所围面积即体系的积分吸收 A。

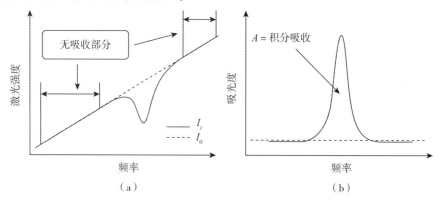

图 2-4　直接吸收方法得到

（a）原始吸收信号；（b）扣除基线后吸收光谱信号

2.1.4　分子吸收线强

在 TDLAS 及整个吸收光谱领域中，谱线的线强是一个非常重要的物理量，它表征谱线对入射光吸收的强弱，其值与对应跃迁能级的分子数目以及跃迁概率有关。线强不仅直接关系着气体浓度的检测限和检测灵敏度，而且决定了温度测量时的谱线选择和灵敏度。

吸收谱线强度 S[147] 与低量子态的布聚数 N_n 和跃迁概率成正比。分子在低态能级的分布满足波尔兹曼（Boltzmann）分布。分子由高能级态 m 向低能级态 n 跃迁的概率取决于 Einstein 系数 B_{nm}——$B_{nm} = |R_{nm}|8\pi^3/(3h^2c)$，$B_{nm}$ 依赖于普适气体常数。温度依赖的线强的表达式如下：

$$S = \frac{1}{N}\frac{hv_{nm}}{c}B_{nm}N_n\left[1 - \exp\left(\frac{hcv_{nm}}{kT}\right)\right] \qquad (2-7)$$

式中，k、N_n 分别为 Boltzmann 常数和低能级态布聚数，N_{nm} 为吸收跃迁的中心频

率，其中 N_n 的定义式如下：

$$N_n = \frac{Ng_n}{Q}\exp\left(-\frac{hcE_n}{kT}\right) \tag{2-8}$$

式中，g_n 为低能级态的简并度，E_n 为低态能级的能量，Q 是整个内部配分函数，其表达式如下：

$$Q(T) = \sum_n g_n\exp\left(-\frac{hcE_n}{kT}\right) \tag{2-9}$$

结合式（2-7）、（2-8）和（2-9），绝对温度为 T 时的谱线强度如下：

$$S(T) = \frac{hv_{nm}}{c}B_{nm}\frac{g_n}{Q(T)}\exp\left(-\frac{hcE_n}{kT}\right)\left[1-\exp\left(\frac{hcv_{nm}}{kT}\right)\right] \tag{2-10}$$

若给定一个参考温度 T_0，HITRAN 数据库中选取的参考温度 T_0 为室温 296 K，$S(T)$ 的表达式如下：

$$S(T) = S(T_0)\frac{Q(T_0)}{Q(T)}\frac{T_0}{T}\frac{\left[1-\exp\left(\frac{hcv_{nm}}{kT}\right)\right]}{1-\exp\left(\frac{hcv_{nm}}{kT_0}\right)}\exp\left[-\frac{hcE_n}{k}\left(\frac{1}{T}-\frac{1}{T_0}\right)\right] \tag{2-11}$$

若体系的配分函数 $Q(T)$ 已知，由 HITRAN 数据库中给出的线强依据式（2-11）就可以计算出任意温度的分子吸收谱线强度。

根据玻恩-奥本海默近似，体系的总配分函数 $Q(T)$ 可近似表示成如下的乘积形式如下：

$$Q(T) = Q_{nuclear}Q_{vib}Q_{rot} \tag{2-12}$$

式中，$Q_{nuclear}$ 为核配分函数，Q_{vib} 为振动配分函数，Q_{rot} 为转动配分函数。对于转动—振动跃迁，忽略振—转相互作用时，系统内部配分函数如下：

$$Q(T) = Q_{vib}Q_{rot} = \sum_v g_{vib}e^{-\frac{hcE_{vib}}{kT}} \cdot \sum_j g_{rot}e^{-\frac{hcE_{rot}}{kT}} \tag{2-13}$$

转动配分函数依赖于分子的对称性。依据刚性转子近似模型，对于线性分子，当 $kT \gg hcB_m$（这里，转动能量给定为 $E_J = B_m hcJ(J+1)$，式中 B_m 为转动频率，J 为转动量子数）时，幂级数展开如下：

$$Q_J = \frac{1}{\sigma_m}\frac{kT}{hcB_m} \tag{2-14}$$

式中，σ_m 为对称因子，由分子对称属性决定；B_m 为分子转动常数。对于非线性分子，幂级数展开如下：

$$Q_J = \frac{1}{\sigma_m}\sqrt{\frac{\pi}{A_m B_m C_m}\left(\frac{kT}{hc}\right)} \tag{2-15}$$

式中，A_m、B_m、C_m 为转动常数（cm^{-1}）。对于振动配分函数，依据简谐振子模型，只考虑 2 阶近似时表达式如下：

$$Q_{vib} = \left[1 - \exp\left(- \frac{hcv_1}{kT} \right) \right]^{-g_1} \left[1 - \exp\left(- \frac{hcv_2}{kT} \right) \right]^{-g_2} \cdots \tag{2-16}$$

式中，g_i 为模式 v_i 的简并度。依据式（2-13）线性分子的整个内部配分函数的表达式如下：

$$Q_v = \frac{1}{\sigma_m} \frac{kT}{hcB_m} \left[1 - \exp\left(- \frac{hcv_1}{kT} \right) \right]^{-g_1} \left[1 - \exp\left(- \frac{hcv_2}{kT} \right) \right]^{-g_2} \cdots \tag{2-17}$$

而对于非线性分子，其内部配分函数表达式如下：

$$Q_v = \frac{1}{\sigma_m} \sqrt{\frac{\pi}{A_m B_m C_m} \left(\frac{kT}{hc} \right)} \left[1 - \exp\left(- \frac{hcv_1}{kT} \right) \right]^{-g_1} \left[1 - \exp\left(- \frac{hcv_2}{kT} \right) \right]^{-g_2} \cdots$$

$$\tag{2-18}$$

2.1.5　吸收谱线的线型

气体分子吸收谱线的线型函数 ϕ 反映的是该谱线的吸收系数与分子跃迁频率之间的函数关系。线型函数经过归一化后，线型在整个频率上的积分值等于 1，即

$$\int_{-\infty}^{+\infty} \phi dv = 1 \tag{2-19}$$

典型气体吸收谱线的谱线形状及谱线宽度如图 2-5 所示。气体吸收谱线的线型函数在中心频率 v_0 处的函数值最大为 $\phi(v_0)$，谱线宽度 Δv 表示为当线型函数值为 $\phi(v_0)$ /2 时的光谱宽度（The full width at half maximum，FWHM）。

气体吸收谱线的线型函数主要用来描述测量环境中被测气体吸收光谱的具体形状，谱线线型的吸收加宽特性主要是由环境中媒介对于分子跃迁能级的扰动或者单个原子或分子与光之间的相互作用引起的[148]。对于测量环境在压强 $p \leq 1$ atm①，温度 $T < 1\,900$ K 时，主要的加宽机制包括多普勒加宽（Doppler broadening，非均匀加宽）和碰撞加宽（Collisional broadening，均匀加宽），以及其他的几种加宽机制如自然加宽（Natural broadening）、Dicke-narrowing 效应等，但由于这几种加宽机制作用并不明显，因此测量过程中一般不予考虑。线型函数描述了气体吸收光谱的系数与波长或频率的变化关系。一般吸收谱线的线型函数有三种：高斯（Gauss）线型函数、洛伦兹（Lorentz）线型函数、福依特（Voigt）线型函数。

---

① 1 atm ≈ 1. 01×10⁵ Pa。

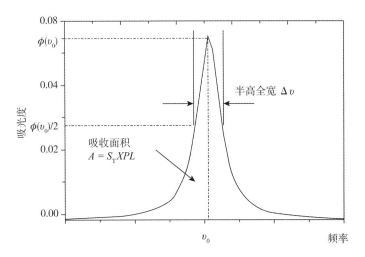

图 2-5　典型气体吸收谱线的谱线形状及谱线宽度

1. 高斯线型函数

在较稀薄气体中，分子的热运动满足麦克斯韦分布，运动着的分子在吸收或者发射光子的时候显现出多普勒效应，通过统计各个方向上气体分子的多普勒位移，计算得出吸收谱线的线型函数，由高斯函数（Gaussian function）表达，具体表达式如下：

$$\phi_D(v) = \frac{2}{\Delta v_D}\left(\frac{\ln 2}{\pi}\right)^{1/2} \exp\left[-4\ln 2\left(\frac{v - v_0}{\Delta v_D}\right)^2\right] \qquad (2-20)$$

在气体吸收谱线的中心频率 v_0 处，高斯线型函数的最大值 $\phi_D(v_0)$ 具体表达式如下：

$$\phi_D(v_0) = \frac{2}{\Delta v_D}\left(\frac{\ln 2}{\pi}\right)^{1/2} \qquad (2-21)$$

此时多普勒线宽 Δv_D（FWHM）的具体表达式如下：

$$\Delta v_D = v_0(7.162\,3 \times 10^{-7})\left(\frac{T}{M}\right) \qquad (2-22)$$

式中，M 为摩尔分子质量（g/mol），T 为绝对温度（K）。高斯线型函数主要适用于测量环境中由温度引起的热力作用占主导地位而压力的影响相对较弱时。

2. 洛伦兹线型函数

碰撞加宽主要是由分子或者原子之间的相互作用引起的，越多的碰撞发生，分子在一个能级上的寿命会变得更短，且谱线线型被加宽。碰撞发生的可能性与谱线展宽之间的关系就是基于碰撞加宽机理展开的。此时碰撞加宽的线型可以通过洛伦兹函数（Lorentzian function）来具体表示：

$$\phi_C(v) = \frac{2}{\pi \Delta v_C} \frac{\Delta v_C}{(v - v_0)^2 + \left(\frac{\Delta v_C}{2}\right)^2} \tag{2-23}$$

在气体吸收谱线频率中心 v_0 处，洛伦兹线型函数的最大值 $\phi_C(v_0)$ 的具体表达式如下：

$$\phi_C(v_0) = \frac{2}{\Delta v_D} \tag{2-24}$$

此时多普勒线宽 Δv_C（FWHM）的具体表达式如下：

$$\Delta v_C = P \sum_B X_B 2\gamma_{A-B} \tag{2-25}$$

可以看出吸收谱线的碰撞宽度与大气压力成正比，式中，A 是被测气体，B 是测量环境中存在的与气体 A 发生碰撞的干扰气体组分，X_B 为碰撞干扰气体 B 的摩尔分数，$2\gamma_{A-B}$ 是干扰气体 B 对特定气体 A 的碰撞加宽系数值。其中，碰撞加宽系数 $2\gamma_{A-B}$ 是随环境温度变化的，不同气体吸收谱线的加宽系数（主要包括自身加宽系数和空气加宽系数）既可以从最新的 HITRAN 数据库中查得，也可以通过计算得到，其与温度的具体关系如下：

$$2\gamma = 2\gamma(T_0)\left(\frac{T_0}{T}\right)^N \tag{2-26}$$

式中，T_0 为参考温度，一般取值为 296 K 或 300 K，$2\gamma(T_0)$ 是温度 T_0 下的加宽系数，N 是温度的系数，取值一般小于 1，典型的取值范围在 0.5 ~ 0.8 之间。在缺乏理论数据的情况下，对于气体分子中含有的原子摩尔质量较大时（不包括 NO），一般 $2\gamma(300) \approx 0.1\ cm^{-1}atm^{-1}$。洛伦兹线型函数一般适用于测量环境中压力的影响占主导地位时。

3. 福伊特线型函数

实际情况下，分子吸收谱线的线型是各种展宽机制相互叠加的综合效果，且多普勒加宽和碰撞加宽都是非常重要的，当测量环境中压力较低，同时环境中温度引起的热力作用占据主导地位时，利用高斯线型能很好地描述谱线形状；而当环境中气体压力占主导地位时，洛伦兹线型能够很好地描述该谱线形状。对于需要同时考虑这两种加宽机制对谱线线型的影响时，就需要将这两种加宽机制——多普勒加宽和碰撞加宽利用函数卷积起来，这一卷积函数称为福伊特函数[149]，其具体表达式如下：

$$\phi_V(v) = \int_{-\infty}^{+\infty} \phi_D(u)\phi_C(v-u)\mathrm{d}u \tag{2-27}$$

经过一系列的公式变换后，常用的福伊特线型函数表达式如下：

$$\phi_V(v) = \phi_D(v_0)\frac{a}{\pi}\int_{-\infty}^{+\infty}\frac{\exp(-y^2)\mathrm{d}y}{a^2 + (w-y)^2} = \phi_D(v_0)V(a, w) \tag{2-28}$$

式中，$V(a, w)$ 就是著名的福伊特函数，参数 a 表示的是多普勒加宽和碰撞加宽之间的相互关系，其具体表达式为：$a = \dfrac{\sqrt{\ln 2}\,\Delta v_{\mathrm{C}}}{\Delta v_{\mathrm{D}}}$，当 a 增大时，表明碰撞加宽作用增强，a 减小时，表明多普勒加宽作用增强。w 表示距离谱线中心的光谱长度，表达式如下：

$$w = \frac{2\sqrt{\ln 2}\,(v - v_0)}{\Delta v_{\mathrm{D}}} \qquad \text{积分变量 } y = \frac{2u\sqrt{\ln 2}}{\Delta v_{\mathrm{D}}}$$

在吸收谱线中心位置处，$w = 0$ 时，福伊特函数 $V(a, w)$ 可以简化如下：

$$V(a, 0) = \exp(a^2)\,\mathrm{erfc}(a) = \exp(a^2)\,[1 - \mathrm{erf}(a)] \qquad (2\text{-}29)$$

式中，erfc 为互补误差函数，erf 为误差函数，存在公式 $\mathrm{erfc}(a) = 1 - \mathrm{erf}(a)$。

2.2　HITRAN 数据库

高分辨率分子吸收投射数据库（High-resolution transmission molecular absorption database，HITRAN）是由剑桥空气动力研究实验室开发的，因其具有便捷、可靠、数据共享性高等优点得到了广泛的关注和应用。目前该数据库已经被认为是各种气体测量以及科研实验室辐射计算所必需的标准数据库。近年来，HITRAN 数据库每隔两年会进行一次光谱数据的更新，已经收录了大气中大多数分子的光谱数据，系统中包含了大约 170 万条光谱谱线，光谱覆盖范围从毫米波段到紫外波段（$0 \sim 60\,000\ \mathrm{cm^{-1}}$）。通过 HITRAN 数据库可以准确快速的查询大气环境中气体分子的相关参数信息，例如气体谱线强度、谱线加宽系数、气体吸收峰位置等，从 HITRAN 数据库中可以查得包括 H_2O、CO_2、O_3、N_2O、CO、CH_4、O_2 等四十多种气体的具体参数。HITRAN 数据库主要适用于计算温度在 1 000 K 以下的气体谱线的具体参数。数据库的建立对温室气体以及大气中其他污染气体吸收谱线的选择与研究具有重要意义。尽管近红外吸收光谱的强度比中红外弱，但在检测 CO_2 和其他气体方面，测量系统中激光器和检测器的性能在近红外方面要优于中红外。在空气中，仍然可以实现对气体的高灵敏度检测。

2.3　光谱吸收受压强、温度的影响

光谱吸收法气体检测中，检测气体压强的变化需要注意，因为气体吸收谱线会直接受到压强变化的影响，分子数密度也会因压强变化而变化，从而导致检测系统的检测结果产生变化。在实际的检测环境中，极端恶劣条件下检测，压强的变化就会造成检测结果产生较大误差。根据式（2-22）和（2-23）可知，高斯线型对压强的变化不敏感，洛伦兹线型会直接受到压强的影响而产生变化。

以水蒸气 1 368.597 nm 处吸收谱线作为研究对象，我们对待测气体压强与气体吸收谱线线型、固定浓度下气体吸收强弱进行了仿真模拟。福伊特线型函数适

用情况较多，在整个压强范围内都比较精确；当压强高于 0.5 atm 时，洛伦兹线型函数在此时进行描述相对比较精确；而当压强低于 0.001 atm 时，高斯线型函数在此时进行描述相对比较精确。由于我们的实验都在常压附近或更高压强的测试环境中进行，因此用洛伦兹线型函数来描述水蒸气的损耗规律。图 2-6 显示了洛伦兹线型函数随测试压强变化而变化的规律。

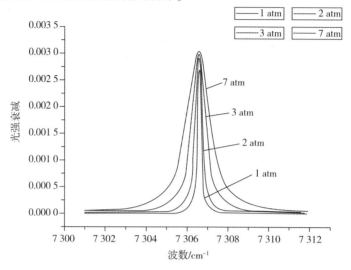

图 2-6   洛伦兹线型函数随测试压强变化而变化的规律

当洛伦兹线型函数被选择进行谱线的描述时，谱线中心及其周围的线型函数值会减小，然而由于气压参数增大并与线型函数值减小趋势相互抵消，在气体分子能量损耗最强对应的波长处，激光的衰减量并不发生变化。图 2-7 显示了在不同压强、相同浓度条件下的吸收率，由图 2-7 可知，谱线中心处的吸收率不随压强变化而变化。

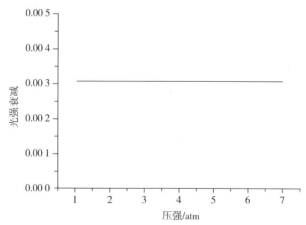

图 2-7   洛伦兹线型函数实际吸收率随压强的变化

被检测气体所处的温度对于目标检测结果来说同样有影响。温度变化会导致单位体积内分子数等参量变化从而影响结果。图 2-8 显示了在不同温度、相同浓度条件下洛伦兹线型函数的吸收率情况，由图可见谱线中心处的吸收率随温度而变化。通过计算可知，当待测气体温度变化 1 ℃ 时，实际气体的吸收率变化 2%，这种影响对于高精度检测系统来说就变得不可忽略。因此在温度变化幅度较大或检测精度要求较高的环境当中，应当使用数学计算或模拟对温度变化带来的影响进行补偿。

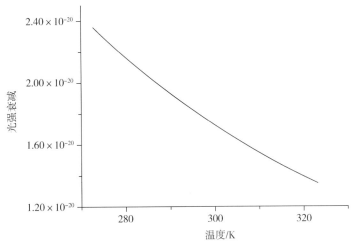

图 2-8　温度对线强的影响

2.4　吸收谱线的选取原则

基于光学测量技术对气体吸收光谱进行研究时，一般依据 HITRAN 数据库选择合适的吸收谱线进行研究，本节对气体吸收谱线的选取原则进行了以下几点总结。

（1）当采用直接吸收光谱技术对 CO_2 进行测量时，所选的吸收谱线位置应与激光光源产生的背景吸收光谱位置保持一定距离，尽量选择光源光谱无波峰波谷的位置进行实验，避免与气体吸收峰重叠或交叉，影响实验测量结果的准确性。

（2）为提高气体传感系统的灵敏度与精确度，使 CO_2 的吸收效果更加明显，应尽量选择待测气体特征吸收谱线强度较强的位置进行实验。

（3）实验前应考虑空气中 CO、H_2O 等其他常见气体的吸收光谱对 CO_2 吸收波段产生的干扰情况，选择合适的气体光谱测量范围，确保实验的严谨性与科学性。

2.5　CO_2 特征吸收谱线

在前期 CO_2 测量存在问题的总结中，得知仪器自身硬件条件一定程度上影响着检测系统的测量结果。系统中，所选光源对实验系统测量结果的影响至关重要，通常选用线宽较窄的单色光源或者宽光谱光源。因此，基于实验室现有条件，本课题首先对 CO_2 气体测量时所用的激光器进行了选择。通过对实验室激光光源的输出波长范围、使用寿命以及光源特性等方面进行综合考虑，本课题最终选用中心波长为 1 430 nm 的可调谐二极管激光器与波长输出范围为 400 ~ 2 400 nm 的超连续谱激光器作为光源。

超连续谱激光器通过可调谐光学滤波器后的波长范围为 1 000 ~ 1 700 nm，避开超连续光源光谱存在波峰波谷位置后的波长范围为 1 280 ~ 1 700 nm，因此本次研究选择近红外波段 1 280 ~ 1 700 nm（波数为 5 882 ~ 7 813 cm^{-1}）对 CO_2 气体进行研究。通过查询 HITRAN 数据库得到 CO_2 在波段 1 280 ~ 1 700 nm 范围内的吸收光谱如图 2-9 所示。

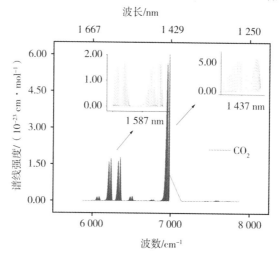

图 2-9　CO_2 在波段 1 280 ~ 1 700 nm 范围内的吸收光谱

从图 2-9 中可看出 CO_2 谱线较强的位置集中在 1 280 ~ 1 700 nm 之间，在此波段 CO_2 存在 6 个吸收峰，分别为 1 432 nm、1 437 nm、1 572 nm、1 579 nm、1 603 nm 和 1 609 nm。气体分子由于其自身结构都有其特征性的吸收光谱，且气体吸收谱线间存在严重的重叠交叉，因而这种吸收干扰将严重影响实验的测量结果，为避免空气中其他气体对 CO_2 吸收谱线的干扰，利用 HITRAN 数据库对空气中 H_2O、CH_4 等常见气体在 5 882 ~ 7 813 cm^{-1} 波段吸收谱线的分布情况与 CO_2 进行了对比。通过查询 HITRAN 数据库得知 HF、O_2、O_3 在此波段内谱线吸收强度相对较弱，可不考虑其对 CO_2 谱线测量的影响，SF_6、SO_2、C_2H_4、C_2H_6、HCHO、CH_3OH、NO_2 等气体在此波段无吸收谱线。表 2-3 中反映了 CO_2 与空气中其他常见气体在 1 280 ~ 1 700 mm（波数 5 882 ~ 7 813 cm^{-1}）波段的吸收情况。图 2-10 中（a）~（f）分别为 1 280 ~ 1 700 nm（波数为 5 882 ~ 7 813 cm^{-1}）范围内 CO_2 与 H_2O、CO、H_2S、C_2H_2、NH_3、CH_4 的吸收光谱。

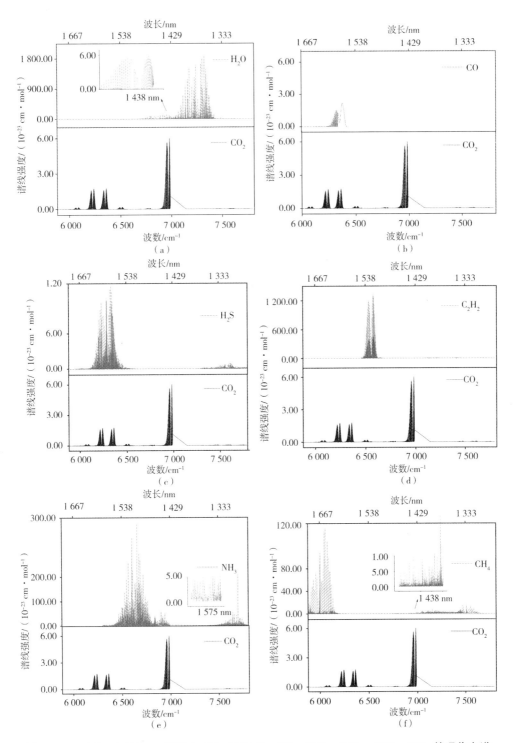

图 2-10　1 280 ~ 1 700 nm 范围内 CO₂ 与 H₂O、CO、H₂S、C₂H₂、NH₃、CH₄ 的吸收光谱

表 2-3 空气中常见气体在 1 280 ~ 1 700 nm 波段的吸收情况

气体种类	吸收波段/cm⁻¹	吸收峰位置/m⁻¹	对应吸收峰波长/nm
CO₂	6 200 ~ 6 400 (1 563 ~ 1 613 nm)	6 214.59	1 609
		6 240.10	1 603
		6 334.46	1 579
		6 359.97	1 572
	6 900 ~ 7 000 (1 429 ~ 1 449 nm)	6 957.88	1 437
		6 983.02	1 432
CH₄	5 900 ~ 6 130 (1 631 ~ 1 695 nm)	6 006.15	1 665
		6 057.08	1 651
CO	6 260 ~ 6 400 (1 563 ~ 1 597 nm)	6 321.33	1 582
		6 377.41	1 568
H₂O	6 700 ~ 7 400 (1 351 ~ 1 492 nm)	7 327.68	1 365
NO	7 250 ~ 7 370 (1 357 ~ 1 379 nm)	7 307.61	1 368
		7 358.90	1 359

通过查询 HITRAN 数据库可以发现，CO_2 在 1 563 ~ 1 613 nm 范围内有四个吸收峰，在 1 429 ~ 1 449 nm 波长范围内有两个吸收峰，O_2、O_3、NO 等气体在此波段内光谱吸收相对较弱，可以忽略不计。CH_4 在 1 631 ~ 1 695 nm 处有着较强的光谱吸收信号，但与 CO_2 光谱吸收波段有一定距离，CO 气体在 1 563 ~ 1 597 nm 谱线强度较大，存在两个吸收峰，避开 CO 吸收谱线较强的位置，H_2O 分子在波长 1 351 ~ 1 492 nm 处谱线强度较强，对 CO_2 吸收谱线的影响较大，此波段可以在 H_2O 分子干扰较小的环境下对 CO_2 进行测量。综上所述，可选择 1 430 ~ 1 440 nm、1 570 ~ 1 580 nm、1 600 ~ 1 610 nm 三个波长范围对 CO_2 气体展开测量研究。

2.6　光谱测量技术分类

利用可调谐半导体激光器，TDLAS 技术变得更容易实现，被控制的波长能以很高的线宽通过气体谱线的中心[150]。对目标浓度的检测可以通过对目标损耗规律前后光强的变化量检测来实现。常用的基于 DFB 半导体激光器气体传感的技术包括直接吸收光谱检测技术（TDLAS-Direct Absorption/DA）、波长调制光谱技术（TDLAS-Wavelength Modulation Spectroscopy/WMS）和光声光谱技术（TDLAS－Photoacoustic

Absorption Spectroscopy/PAS）。

2.6.1　直接吸收光谱检测技术

直接吸收光谱检测技术是一种不需定标的直接测量技术，其优势在于方便快捷，易于使用，对气体吸收光谱的测量具有选择性和非侵入性，能够在较短的时间内测得待测气体的种类和浓度。

直接吸收光谱检测技术经常采用低频扫描规律进行控制，使 DFB 半导体激光器按相同规律进行波长变化。由于 DFB-LD 的出射波长同时由激光器的驱动电流和内部环境条件设定，而且输出波长对驱动电流响应时间很短并呈现较好的线性关系，因此，通常直接吸收法采用对温控模块控制激光器内部温度恒定，控制驱动电流进行输出波长的变化。直接吸收光谱检测技术通常采用单位时间内多次扫描吸收光谱的形式，并对单个周期内多次检测到的结果取平均值作为结果输出的形式。锯齿波、三角波、梯形波通常作为扫描过程的表现形式，通过设定激光器工作温度，设定激光器扫描中心处的波长位置，即可控制激光器的扫描在每个扫描周期内扫过气体损耗规律的中心。DFB-LD 的输出端与光纤连接将激光导入并输送至气体与光接触场所，气体对光产生衰减后出射光被传导进光纤至探测器完成衰减量检测。转换得到的光电流经电流—电压转换电路得到相应的电压信号便于后期处理，经过滤波电路后被单片机或者数据采集卡进行数据的分析、处理和输出。由于特定的目标只与对应的激光发生损耗现象，因此可根据检测光的波长对检测气体种类进行区分，也可根据一定损耗的大小对目标体积比例进行高精度检测。

基于直接吸收光谱检测技术搭建的测量系统较为简单，一般分为光源部分和探测部分，具体过程：激光器在激光控制器的调制下发出特定波长的激光，当激光通过气体池内一定浓度的待测气体后，光强会发生衰减，出射后的光被光电探测器或光谱仪等探测设备接收，光信号被转换为电信号，最终得到待测气体的吸收光谱信号，同时未经待测气体吸收射出后的激光作为背景信号，通过对有无吸收时的透射激光信号强度进行处理，得到气体样品的吸收光谱，最终根据朗伯-比尔定律得出气体样品的浓度。直接吸收光谱检测技术示意如图 2-11 所示。

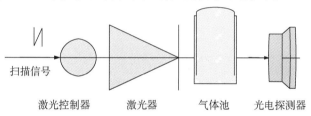

扫描信号　　　激光控制器　　　激光器　　　气体池　　　光电探测器

图 2-11　直接吸收光谱检测技术示意

采用直接吸收光谱检测技术提高探测灵敏度的关键一点在于增加吸收光程的长度,因此该技术中吸收池的设计尤为重要,可以通过调节吸收池中激光反射镜增加反射次数进而增加光程,降低系统的检测限。

2.6.2 调制光谱技术

为了提高测量的准确度和灵敏度,在气体检测中,一般采用调制光谱技术。基本的调制技术分为频率调制光谱技术和波长调制光谱技术两种。频率调制技术测量精度较高,但实现起来较为复杂,而且成本较高,因此大多数科研人员选择波长调制光谱技术对气体浓度进行测量。

1. 波长调制光谱技术

相比于直接吸收检测,波长调制光谱方法除了梯形或三角形等扫描驱动,又增加了正弦驱动控制,使得激光器输出的波长在经过目标损耗规律的行程中变化进而检测到的损耗规律的特点,从而可以有效抑制检测系统中的光路、电路和光机系统引入光谱中的白噪声,能够有效提高系统的信噪比和灵敏度[151]。波长调制光谱技术是一种高灵敏光谱检测技术。通过此技术中的相敏检测能够有效抑制高频背景噪声,进而降低系统的检测限。波长调制光谱技术的示意如图2-12所示。

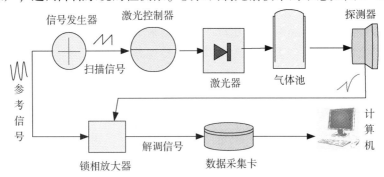

图2-12 波长调制光谱技术示意

TDLAS-WMS技术中通过信号发生器和锁相放大器完成波长的调制以及谐波信号的探测。信号发生器产生一个由高频的正弦波或方波和低频的锯齿波或三角波叠加而成的调制信号实现对激光器输出波长的调制。低频波能够对波长进行扫描,高频波能够进行谐波探测以及对噪声信号进行抑制。信号发生器将一个参考信号传输到锁相放大器,由锁相放大器进行谐波检测解调出二次谐波信号($2f$)。二次谐波信号的表达式如下:

$$P_{2f} \propto \frac{I_0 LPS(T)N}{\pi \Delta h}\left\{\frac{2}{x^2}\left[\frac{2+x^2}{(1+x^2)^{\frac{1}{2}}}-2\right]\right\} \tag{2-30}$$

式中,x为调制系数,Δh为谐波线宽,从公式中可以看出二次谐波信号的大小与初始光强和气体的浓度有关，气体浓度与信号强度大小成正比，在实际应用中会发现，谐波的信号强度会随谐波次数的增加而减小，因此，实验过程中一般提取 2f 信号来检测气体浓度。

2. 频率调制光谱技术

频率调制光谱技术（Frequency Moclulation Spectroscopy，FMS）是一种应用于弱信号检测的高灵敏、高分辨的激光光谱技术。频率调制光谱技术采用很高的调制频率，利用调制和解调的方法将探测信号转移到高频区域进行探测，从而降低了系统的探测噪声，因此可以达到很高的检测灵敏度。由于具有这样的独特优势，频率调制光谱技术被广泛应用于激光稳频微量气体检测等领域。频率调制光谱技术的显著优点是，可在调制 ν_m 或者它的几倍频上进行检测，频率在上百兆赫兹，而在这个区域激光的额外噪声可以忽略不计。频率调制光谱技术的缺点是，探测带宽为上百兆赫兹的中红外探测器不仅非常昂贵而且非常容易损坏。

当用频率为 ν_m 的调制信号调制激光器的驱动电流时，激光器输出信号的幅度调制和频率调制可描述如下：

$$E(t) = E_0\left[1 + M\sin(v_m t + \psi)\right]\exp\left[iv_c t + i\beta\sin(v_m t)\right] \qquad (2-31)$$

式中，β 是频率调制度，M 是幅度调制度，ψ 是调幅和调频的相位差，对于 TDLAS 而言，一般为 $\pi/2$。该辐射的瞬时频率如下：

$$v(t) = v_0 + \beta v_m \cos(v_m t) \qquad (2-32)$$

为了得到更好的灵敏度，β 应该为 1，以使整个频率的漂移与吸收线宽相当。M 在 WMS 公式中代表激光的剩余幅度调制（Residual Amplitude Modulation，RAM）。

当 RAM（$M=0$）、β 很小时，有一个很强的中心成分存在于调制的辐射 v_c 处，还有两个相等的旁带成分在 $v_c + v_m$ 和 $v_c - v_m$ 处。其表达式如下：

$$E(t) = E_0\left\{\exp\left[iv_c t\right] + \frac{\beta}{2}\exp\left[i(v_c + v_m)\right] - \frac{\beta}{2}\exp\left[i(v_c - v_m)\right]\right\} \qquad (2-33)$$

当探测器接收到光信号后，两个旁带将和中心 v_c 进行差频，在频率 ν_m 处产生信号。这两个差频信号的相位相差 1 800，由于旁带信号强度相等，差频信号会相互抵消，从而在 v_m 处没有信号成分。

2.7　超连续谱产生的原理

超连续谱光源又称为白光光源（Supercontinuum sources），它具有传统宽带光源的宽光谱特性以及激光光源的高空间相干性、稳定性等特性。超连续谱的产生是激光与非线性介质相互作用的结果。它是一束超强短脉冲激光通过光学非线性介质后产生非线性效应，从而实现超连续光谱输出的。超连续谱激光器由主光源、光纤放大器、超连续谱发生器三部分构成，主光源是基于核心泵浦的被动锁模 Yb 光纤激光器，其发出的脉冲通过隔离器到达高功率放大器，通过软件控制或手动调节将功率放大后在非线性光纤作用下产生大范围连续展宽光谱，该光谱被输出镜片接收后输出。超连续谱激光光源的功能如图 2-13 所示。

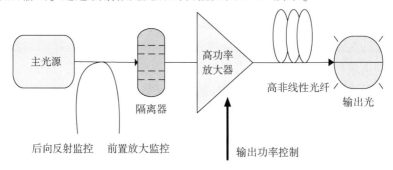

图 2-13　超连续谱激光光源的功能

超连续谱光源主要应用于荧光寿命成像、全反射式荧光显微、宽频光谱学、单分子成像、光学同调断层扫描术、流式细胞仪等领域。

2.8　本章小结

本章对吸收光谱技术的基本原理进行了阐述。首先对气体的光谱吸收原理、气体分子光谱理论、朗伯-比尔定律以及吸收谱线的三种线型函数进行了详细介绍。然后介绍了常用的 HITRAN 气体数据库，对 CO_2 气体吸收谱线的选取工作进行了详细阐述，对直接吸收光谱检测技术、波长调制光谱技术和频率调制光谱技术的原理及过程进行了论述。最后介绍了超连续谱产生的基本原理，为下一步实验研究的开展提供了理论指导和依据。

第 3 章

气体检测系统的设计

3.1　基于可调谐激光的气体检测系统

　　基于 TDLAS 的 CO_2 气体检测系统设计原理如图 3-1 所示。整个系统包括激光发射装置、气路部分和检测接收与处理部分。激光发射装置包括二极管激光器、激光控制器、准直器和调制信号发生器；气路部分包括怀特型长光程吸收池、动态稀释校准仪、标准气体和零气；检测接收与处理部分包括光电探测器、锁相放大器、数字示波器、数据采集卡、软件和计算机。

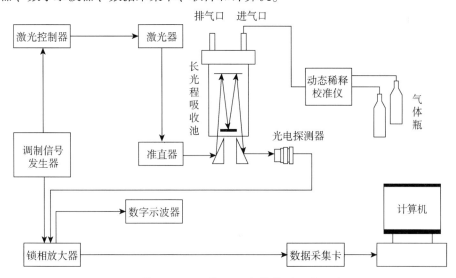

图 3-1　基于 TDLAS 的 CO_2 气体检测系统设计原理

结合 TDLAS 系统工作原理及设计方案，搭建好系统实物，如图 3-2 所示。由动态稀释校准仪配比出所需浓度的 CO_2 气体通入长光程吸收池，激光控制器向激光源提供工作所需的电流和温度，由调制信号发生器产生的锯齿波和方波经加法器叠加后通过激光控制器提供给激光光源，对其进行快速调谐。激光经准直器准直进入长光程吸收池中经多次反射吸收后，输出的光信号被光电探测器转换为电信号，再由锁相放大器对其进行谐波检测，其参考信号是由调制信号发生器产生的二倍频，数据采集卡将采集信息传输到电脑端进行后续的分析与处理。

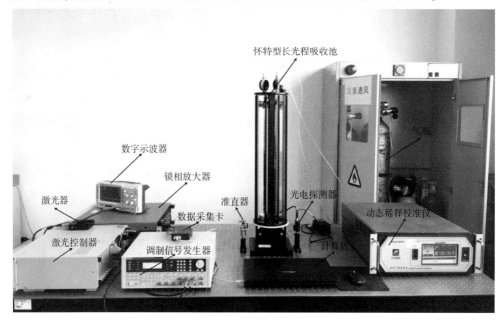

图 3-2　TDLAS 系统实物

3.1.1　激光发射与调制机构

1. 二极管激光器

红外光谱中，分子在中红外光谱区间的吸收是由振动引起的基频吸收形成的，其具有丰富的分子吸收特性，对于光谱测量十分有利，所以这个波段也称气体的指纹区间。但是，目前能够用于中红外谱区的可调谐二极管激光器主要是铅盐激光器，需要在液氮温度下才能工作[152]，因此本实验选择了输出激光波长范围在分子吸收相对较强的近红外波段。

高分辨率大气分子吸收数据库 HITRAN（High-resolution transmission molecular absorption database）由美空军剑桥研究所开发，主要反映了气体分子在大气中的吸收特性，是国际认可的光谱软件，通过 HITRAN 数据库，可以得到气体分子吸收光谱的相关信息，如：波数、谱线强度、加宽系数、爱因斯坦相关系数等参数[153-154]。本课题采用网页版 HITRAN 来计算相关参数。

结合 HITRAN 数据库并根据实验室现有条件，选择波数范围为 5 500 ~ 10 000 cm⁻¹，即波长范围为 1 000 ~ 1 820 nm，得到如图 3-3 所示的 CO_2 吸收特征波谱图，可看出 CO_2 吸收主要集中在波数 6 000 ~ 7 000 cm⁻¹，在 6 973 ~ 6 989 cm⁻¹ 吸收尤为明显，此波段波长范围为 1 430.82 ~ 1 434.10 nm，放大图如图 3-4 所示，因此本实验选用美国 THORLABS 公司生产的 DFB1430 二极管激光器作为实验所需光源。

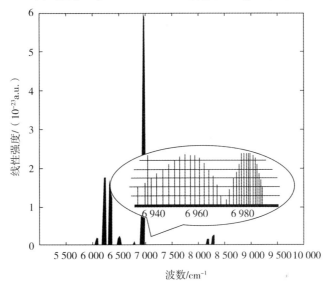

图 3-3　1 000 ~ 1 820 nm CO_2 吸收谱线

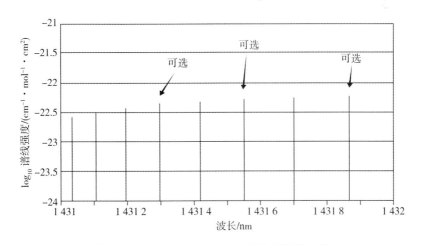

图 3-4　1 431 ~ 1 432 nm CO_2 吸收谱线放大图

DFB1430 二极管激光器外形如图 3-5 所示，该激光器采用了 14 针蝶形封装，中心波长为 1 429.748 nm，温度和电流调谐范围为 10 nm，即其输出波长范围为 1 424.748 ~ 1 434.748 nm，其他主要性能参数如表 3-1 所示。

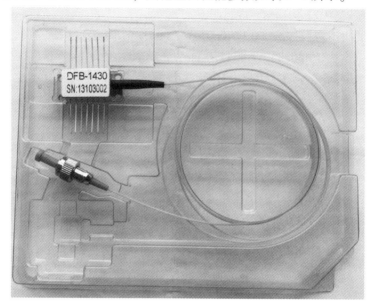

图 3-5　DFB1430 二极管激光器外形

表 3-1　DFB1430 二极管激光器主要性能参数

参数名称（29℃）	指标	单位
正向电压	1.9	V
驱动电流范围	11.5 ~ 100	mA
最大工作温度	65	℃
输出功率	4.05	mW
阈值电流	11.5	mA
边模抑制比	55.9	dB
波长范围	1 424.748 ~ 1 434.748	nm

2. 温度和电流控制装置

可调谐半导体激光器的波长调谐是通过改变温度和电流来实现的，因此就需要一个温度和电流控制装置来控制其工作温度和注入电流，这主要分为激光器底座和激光控制器两部分，将 DFB 激光器固定在底座上，与激光控制器连接就可以实现对其输出波长的调谐。由于所选 DFB 激光器为 14 针蝶形封装结构，因此在选取激光器底座时应考虑其与激光器的兼容性，保证激光发射系统的稳定性，本课题选用美国 THORLABS 公司生产的 LM14S2 型蝶形封装底座，它使用半导体热电制冷器（TEC）来控制激光二极管的工作温度，如图 3-6 所示，在使用过程中将激光器按照相应的方向固定好即可。

图 3-6　LM14S2 激光器底座

激光控制器选用美国 ILX Lightwave 公司生产的 LDC-3908 系列二极管激光控制器，外观如图 3-7 所示，它共包含 8 个通道，每个通道都有一个温度控制模块和一个电流控制模块，此外它还有一个外部调制信号输入端，可输入外部模拟调制信号，实现对电流的调制，因此本课题选用它对激光源的工作温度和电流进行高精度的控制，其主要参数指标如表 3-2 所示。

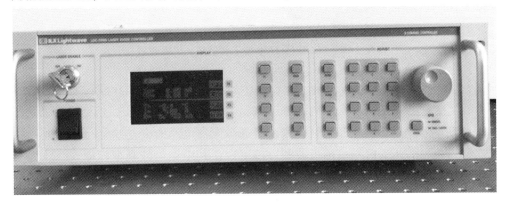

图 3-7　LDC-3908 系列二极管激光控制器

表 3-2　LDC-3908 激光控制器主要参数指标

电流控制参数		温度控制参数		外部模拟调制参数	
控制范围	0～500 mA	控制范围	-99～150 ℃	输入	0～10 V，50 Ω
分辨率	10 μA	分辨率	0.1 ℃	调制系数	50 mA/V
精度	±0.1%	精度	±0.2 ℃	高带宽模式时小信号带宽	DC-1.2 MHz
温度系数	≤50 ppm/℃	24 小时稳定性	<±0.01 ℃	低带宽模式时信号带宽	DC-30 kHz

3. 准直器

准直器属于光纤通信光器件中用于输入输出的一个光学元件，它的作用是使光最大效率地耦合进入所需的器件中或易于光信号最大效率地接受。三合透镜光纤准直器采用空气隙三合透镜，能提供比非球面透镜准直器更优秀的光束质量，因此本课题选用美国 THORLABS 公司生产的 TC06FC-1550 型三合透镜光纤准直器，外观如图 3-8 所示，其中心波长为 1 550 nm，增透膜响应波长范围为 1 050～1 650 nm，发散角为 0.101°，焦距为 6.18 mm，可用于本课题所选用的 1 430 nm 激光器。

图 3-8　TC06FC-1550 型三合透镜光纤准直器

4. 调制信号发生器

在第 2 章已经介绍过波长调制光谱技术，激光控制器只能提供给二极管激光器直流驱动，因此需要由外部调制信号来实现激光器电流的准连续驱动和对波长的扫描调谐控制。调制信号由锯齿波和方波组成，其中锯齿波频率较低，一般为几赫兹到几十赫兹，主要用来改变激光二极管波长的中心位置，另一个方波频率较高，一般为几千赫兹到几十千赫兹，起到频率调制的作用，产生谐波信号。这两个调制信号均为电压信号，叠加后通过外部调制信号输入端输入到激光控制器的控制模块，从而实现对激光器波长的调制。本课题采用美国 FLUKE 公司生产的 284 型 4 通道波形发生器，其最大载波频率为 40 MS/s，如图 3-9 所示。

图 3-9　FLUKE 调制信号发生器

3.1.2　光路与气路机构

1. 怀特型长光程吸收池

气体在近红外波段存在倍频、合频吸收带，吸收相对较弱，为了提高整个系统的灵敏度，吸收池采用怀特池结构[155]，基本原理是通过特殊结构光学镜片使入射激光在样品池中多次反射，能够实现在较小的体积内实现较长的光程。本课题所使用的怀特池由美国 Infrared Analysis，Inc. 公司生产，型号为 35-V-H，材料为硼硅酸盐耐热玻璃，圆柱形，容积为 8.5 L，光程范围为 2.2 ~ 35 m，有 2 个通气口，如图 3-10 所示。另外，此样品池附带有双层加热套和两个 PID 温度控制器，最高温度可达 200 ℃，可用于气体的温度实验。

图 3-10　35-V-H 型怀特型长光程吸收池

2. 动态稀释校准仪

动态稀释校准仪的核心元件是两个质量流量计，其基本功能是通过两个高精度的流量计对气体进行配比，得到所需浓度的气体。本课题所用动态稀释校准仪为美国特利丹（TELEDYNE）公司生产的质量流量计，其流量测量精度为±1.0%，流量控制重复性为±0.2%，流量测量线性为±0.5%，实验中所需各种浓度的气体均由其配比所得，如图 3-11 所示。流量计的重复性不得超过相应准确度等级规定的最大允许误差绝对值的 1/3。

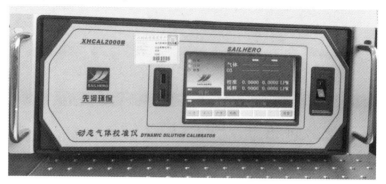

图 3-11　动态稀释校准仪

3.1.3　电信号解调与采集机构

1. 光电探测器

光电探测器在整个实验中具有重要的作用，其灵敏度的高低、响应速度的快慢以及系统附加噪声的大小影响着整个检测系统的灵敏度和可靠性。目前，光电探测器种类繁多，主要包括：光敏二极管、雪崩光电二极管（APD）、光电倍增管（PMT）和光电导元件等。其中雪崩光电二极管和光电导元件响应速度都相对较慢；光电倍增管虽然具有较高的增益和较小的噪声，但其尺寸大、要求供电电压较高[156]，不适用于本小型实验系统，因此本课题选用美国 THORLABS 公司生产的 PDA50B 锗管探测器，此探测器在 1 450 nm 附近具有较高的响应系数，且光电转换时间短、系统附加噪声低，并自带前置放大电路，其实物和前置放大电路分别如图 3-12 和图 3-13 所示。PDA50B 锗管探测器其他性能参数如表 3-3 所示。

图 3-12　PDA50B 锗管探测器实物

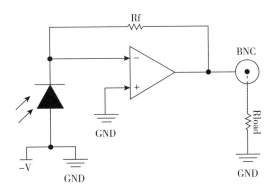

图 3-13　前置放大电路

表 3-3　PDA50B 锗管探测器其他性能参数

有效面积	19.6 mm^2（直径 ϕ5.0 mm）
响应波长	800 ~ 1 800 nm
输出电压	0 ~ 10 V
响应时间	50 ns
带宽	460 kHz
最大响应系数	0.9 A/W
增益间隔	10 dB
增益范围	0 ~ 70 dB
输出接口	BNC

2. 锁相放大器

激光通过长光程气体吸收池时，被吸收后的信息里面含有谐波信号，解调出二次谐波信号即可计算出气体的浓度，但在实际实验中，气体吸收信号本来就比较微弱，加上由于实验环境等因素影响，使得外界干扰较大，因此 TDLAS 技术中常选用锁相放大器解调谐波信号。锁相放大器具有极强的抗噪声性能，即使噪声大于信号数千倍仍能准确地检测出对应信号[157]。

本课题采用美国 Stanford Research Systems 公司生产的高频锁相放大器 SR844，其主要性能参数如表 3-4 所示。

表 3-4　SR844 锁相放大器主要性能参数

输入信号通道参数		参考信号通道参数	
输入阻抗	50 Ω 或 1 MΩ+30 pF	外部参考	25 kHz ~ 200 MHz
损坏阈	±5 V（DC+AC）	内部参考	25 kHz ~ 200 MHz 方波

续表

输入信号通道参数		参考信号通道参数	
带宽	25 kHz ~ 200 MHz	阻抗	50 Ω 或 10 kΩ+40 pF
灵敏度	100 nVrms ~ 1 Vrms full scale（<1 MHz）	电平	0.7 Vpp
增益准确度	±0.25 dB（<50 MHz）	相位漂移	<0.1°/℃（<10 MHz）
增益稳定性	0.2%/℃	相位分辨率	0.02°

3. 数字示波器

本课题选用 RIGOL 公司的 MSO1104Z 型数字示波器，它是国内性价比比较高的数字示波器，其主要作用是显示和测量波形。

4. 数据采集卡及软件

数据采集卡及软件主要实现数据的采集、控制与存储，光电探测器探测到的信号只有通过 A/D 转换后才能在计算机上显示，本课题所用数据采集卡选用研华公司生产的 USB-4716 采集卡，此采集卡具有小巧便携、设计简单等特点，如图 3-14 所示。其最大采样率为 200 kS/s，分辨率为 16 位，数据缓存为 1 024 点，连接接口为 USB2.0，将其接头插入计算机的 USB 接口，配合采集程序即可工作。

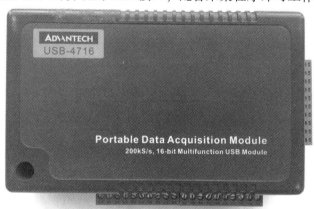

图 3-14　USB-4716 数据采集卡

3.1.4　软件设计

采集程序的设计由 LabVIEW 软件编写，主要实现数据的采集、自动保存以及波形的显示。与一般的代码编程不同，LabVIEW 编程是借助可视化 G 语言来实现的，从而使得人机交互界面友好直观。图 3-15、图 3-16 所示为 LabVIEW 软件编写的控制程序前面板和程序框图。在前面板界面，我们可对采样模式、采样点、采样频率和数据保存位置等相关参数进行设置。

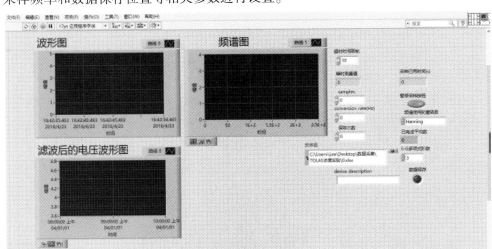

图 3-15　数据采集控制程序前面板

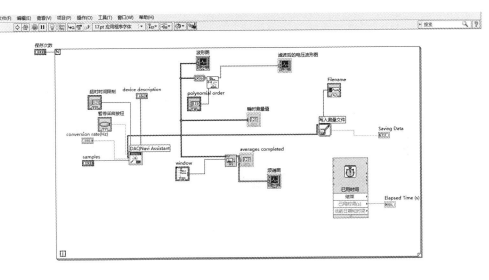

图 3-16　数据采集控制程序框图

3.2　基于超连续谱激光的气体检测系统

本课题组设计并搭建的另一套系统为超连续谱激光气体传感系统，该系统分为光源发射部分、吸收池部分、信号采集与处理部分，主要由超连续谱皮秒脉冲激光器、光学滤波器（Laser Line Tunable Filter，LLTF）、光阑、气体吸收池、动态稀释校准仪、数据采集卡、计算机等元件组成。系统的实物和原理如图 3-17 和图 3-18 所示。

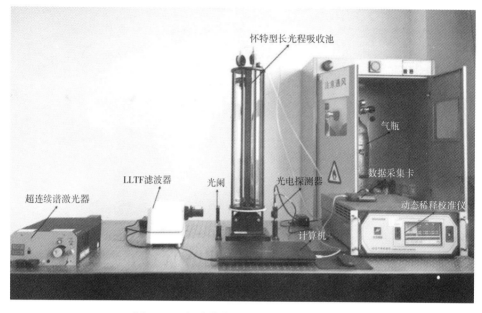

图 3-17 超连续谱激光气体传感系统实物

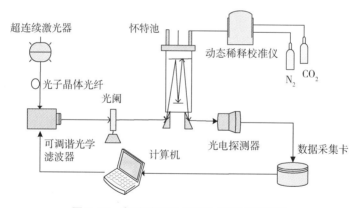

图 3-18 超连续谱激光气体传感系统原理

3.2.1 光源发射机构

光源发射部分包括超连续谱皮秒脉冲激光器、LLTF、光阑、动态稀释校准仪、气体吸收池。激光光源发出超连续谱激光经 LLTF 到达光阑，并入射至气体吸收池。

1. 超连续谱激光器

本系统激光光源选用英国 Fianium 公司生产的 SC400-4 型超连续谱皮秒脉冲激

光器，该仪器是通过高功率光纤激光所产生的宽带超连续谱光源系统，性能可靠，操作方便。此光源拥有较宽的光谱范围以及很高的亮度，其发出的激光稳定性较强。激光器实物如图 3-19 所示。超连续谱激光器的主要指标如表 3-5 所示。

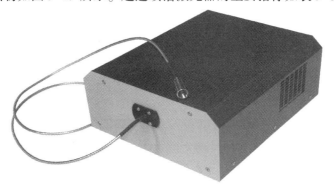

图 3-19　SC400-4 型超连续谱激光器实物

表 3-5　SC400-4 型超连续谱激光器的主要指标

输出波长范围	400 ~ 2 400 nm
优化可见光亮度	400 ~ 750 nm
脉冲重频范围	0.1 ~ 40 MHz
最大功率输出	>8 W
功率稳定性	±0.9%

2. LLTF

光学滤波器选用的是 LLTF，LLTF 在本系统中作为光源的分光附件，其输出的光谱范围为 1 000 ~ 2 300 nm，具有很高的损伤阈值及工作寿命，同时设备可以实现光纤输出，配合光纤分束器，可实现多光路测量，便于对多种探测成分进行成像分析。

LLTF 是一款非色散的亚纳米带宽可调谐光学滤波器，该滤波器主要基于布拉格可调谐滤波技术。体布拉格光栅（Volume Bragg Grating，VBG）是一种新型的光栅元件，它是在光敏玻璃（Photo-Thermo-Refractive，PTR）的技术上，通过紫外光的热加工作用，引起 PTR 折射率的改变，从而在 PTR 内部形成按一定规律的内部折射率分布的。通过全息照相技术制作成体布拉格光栅。体布拉格光栅具有较好的光学性能，主要表现在其光谱选择性高，受温度影响较小，中心波长随温度的变化较小。LLTF 实物及技术指标如图 3-20 和表 3-6 所示。

图 3-20　LLTF 实物

表 3-6　LLTF 技术指标

光谱带宽	3 nm
输出波长通道数量	1
带外抑制	>60 dB
波长调谐分辨率	0.1 nm
波长扫描	1 000 nm/s

3. 光阑

光阑选择的是大恒光电公司生产的 GCM-5711M 可变方形孔径光阑，可以控制从 LLTF 发出光束的孔径大小，以便去除周围杂散光，从而调节通过光束的强弱，光阑的设置增强了系统的灵敏度，提高了实验测量结果的准确性，实物如图 3-21 所示。

图 3-21　光阑

3.2.2　检测接收与处理机构

检测接收与处理机构包括光电探测器、数据采集卡、计算机。激光在吸收池中多次反射后射出被光电探测器接收，光电探测器将出射信号传输到数据采集卡，由数据采集卡和计算机完成数据的接收与存储工作。此部分选用的设备仪器与前面提到的可调谐激光气体传感系统中的设备是一样的，此处不再介绍。

3.2.3　温度控制机构

由前面 2.1 章节中的朗伯–比尔定律可知，待测气体对特定波长光的吸收量与样品的浓度和吸收光程有关，同时与谱线强度 $S(T)$ 有关，而谱线强度与温度直接相关。也就是说，当压强大小一定时，温度的变化将影响待测气体对光的吸收，因此本实验将对温度变化对吸收信号强度的影响程度进行探讨。

如图 3-22 所示为实验实物，长光程吸收池外面附加的为加热套，里面均匀分布着热电阻丝，由两个 PID 控制器对其温度进行控制，分别控制加热套上端和下端的温度，最终使得气体池中的气体温度均匀稳定。

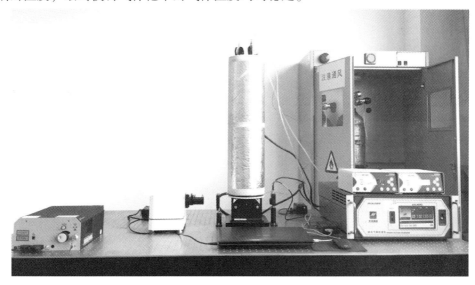

图 3-22　基于超连续谱激光的 CO_2 检测系统的温度实验实物

3.3　基于可调谐激光的并行气体探测系统

近红外激光光谱技术的并行气体探测系统将中心波长为 1 430 nm 的 DFB 激光器作为光源，光谱仪和光电探测器对 CO_2 浓度同时进行探测，系统测量原理如图

3-23 所示，整体结构包括三个部分：（1）激光发射机构，包括信号发生器、激光控制器、DFB 激光器和准直器；（2）中央处理单元，包含怀特池、动态稀释校准仪和气瓶；（3）接收与处理系统，包括聚焦透镜、光电探测器、锁相放大器、数字示波器、光谱仪和计算机。

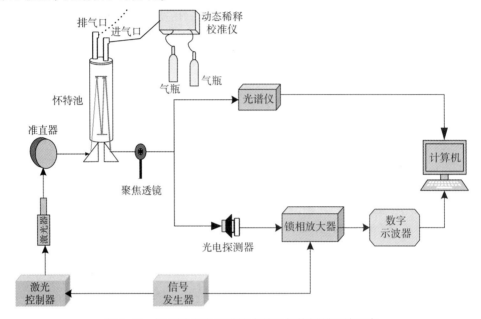

图 3-23　近红外激光光谱技术并行气体探测系统示意

3.3.1　激光发射机构

激光发射机构包括信号发生器、激光控制器、DFB 激光器和准直器。此部分选用的设备仪器与前面提到的基于可调谐激光的气体检测系统中的设备是一样的，此处不再介绍。

3.3.2　探测接收机构

1. 数字示波器

数字示波器主要用来显示电信号的波形，在荧光屏上可观察电信号波形变化的全过程，进而实现定性、定量的分析。本课题选用 RIGOL 公司生产的 MSO1000Z 系列数字示波器，通过示波器检测携带气体浓度信息的光谱信号，其主要参数如表 3-7 所示，该示波器具有 4 个模拟通道、16 个数字通道、高采样深存储、高波形捕获率及实时波形录制等功能，此外，该示波器容易发现信号异常，在大时基下仍能保持高采样，能实现混合信号分析功能，LAN 接口也符合 LX1 标准，方便了远距离测量。

表 3-7　MSO1000Z 系列数字示波器的主要参数

带宽/MHz	采样率/(GS·s^{-1})	存储深度/Mpts	波形捕获率/(wfms·s)
50 ~ 100	1	24	30 000

2. 近红外光谱仪

透射光经焦距为 100 mm 的聚焦透镜至一分二光纤，一路由光电探测器接收转换，另一路经光谱仪至计算机。本研究采用 Ocean Optics 公司的 NIRQuest512-2.5 近红外光谱仪，其工作原理为：由吸收池出来的透射光经狭缝至光栅，光栅分光系统把具有不同波长的复色光根据衍射角的不同分开，最终形成吸收光谱，InGaAs 线阵探测器将光信号转换为电信号，输出的信号经光谱分析处理，最终显示出吸收光谱。该光谱仪光谱覆盖范围为 900 ~ 2 500 nm，具有稳定、快速等特点。NIRQuest512-2.5 近红外光谱仪实物如图 3-24 所示。

图 3-24　NIRQuest512-2.5 近红外光谱仪实物

3.4　基于可调谐激光和超连续谱激光的新型组合式气体检测系统

本章介绍了一种基于可调谐激光和超连续谱激光的新型组合式气体检测系统。系统包括激光发射机构、光路与气路机构、检测接收与处理机构。激光发射机构用于产生激光，且所产生的激光为可调谐激光和超连续谱激光耦合后的激光；光路与气路机构用于使激光发射机构所产生的激光按照预期的轨迹进行反射、吸收；检测接收与处理机构用于接收光路与气路机构输出的信号，并对接收到的信号进行处理，以得出待测气体的种类和浓度。将可调谐激光和超连续谱激光同时作为气体检测装置的光源，可实现对超低浓度气体高灵敏度、高分辨率的快速检测，可为研究空气中灾害性污染的痕量气体成分监测和形成机理等提供独特的技术手段。

超连续谱激光器产生激光经 LLTF 光学滤波器滤波，单一波长光束通过光阑隔离杂散光后，与可调谐二极管激光器经准直器产生的激光经过光纤合波器到达长光程吸收池，透射光信号被光电探测器转化为电信号输出，经过一分二光纤，一束光经过数据采集卡 A/D 转换后传输到计算机被 LabVIEW 所编写的采集程序接收，另一束光经锁相放大器谐波检测后，被近红外光谱仪接收，通过 MATLAB 对两组数据处理，最终得到检测气体的种类和浓度数据。新型组合式气体检测系统设计原理如图 3-25 所示。

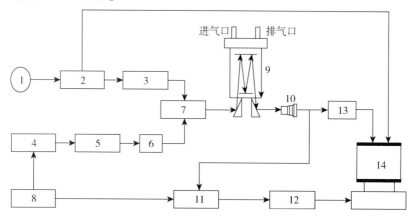

1—超连续谱激光器；2—LLTF 滤波器；3—光阑；4—激光控制器；5—二极管激光器；6—准直器；
7—光纤合波器；8—调制信号发生器；9—怀特型长光程吸收池；10—光电探测器；11—锁相放大器；
12—近红外光谱仪；13—数据采集卡；14—计算机。

图 3-25　新型组合式气体检测系统设计原理

3.4.1　系统方案设计

打开超连续谱激光器和二极管激光器的开关，使超连续谱激光器产生的激光依次经过光学滤波器和光阑后入射光纤合波器，二极管激光器在调制信号发生器和激光控制器的作用下输出可调谐激光，并将可调谐激光经准直器输出给光纤合波器；光纤合波器将超连续谱激光与可调谐激光合并为一束光并输出；光路与气路机构使光纤合波器输出的激光按照预期的轨迹进行反射，且在反射过程中由待测气体吸收激光的部分能量；被吸收能量后的激光首先经一分二光纤分成两路光信号，其中一路光信号经所述近红外光谱仪后直接传输给计算机，另一路光信号依序经所述光电探测器、所述锁相放大器和所述数据采集卡传输给计算机；计算机接收两路数据并进行处理，即可得出待测气体的种类和浓度。

本检测系统大体可分两步进行，首先向长光程样品池中通入高纯 N_2（高纯 N_2 对所需波段的光不吸收），探测的信号作为背景信号，之后向样品池中通入待测气体，此时探测信号经过背景扣除等处理后能较好反应气体的吸收特性。

（1）按照超连续谱激光器面板上的开机顺序，打开预热 15 min 的激光器，使其产生激光。

（2）在激光控制器中输入二极管激光器工作所需的电流和温度，调制信号发生器输出调制信号至激光控制器。

（3）两束不同波长的激光经光纤进入光纤合波器出射至怀特型长光程吸收池的 45°反射镜上，微调四维镜架，尽可能多地在怀特池的下凹面形成光点，使得气体充分吸收并计算光程。

（4）安装光学滤光片，在光学滤波器自带软件 PHySpecV2 中设定自动扫描波长等参数，在 LabVIEW 所编软件中设置采样频率等参数进行波形数据采集。

（5）锁相放大器对光电探测器输出的电信号进行滤波和谐波检测，然后输出模拟信号，经近红外光谱仪探测。

（6）将怀特池中 N_2 排出，替换为被检测气体，在设置好的 LabVIEW 软件中设置所需参数，由数据采集卡和近红外光谱仪采集数据传入计算机，最后对数据进行分析处理。

3.4.2　数据处理

计算机对数据采集卡输出的数据进行处理，具体是：首先根据接收到的数据获得待测气体的吸收光谱图；然后将吸收光谱图中的吸收峰与 Hitran 数据库中气体的吸收峰进行对比，得出待测气体的种类；最后根据已知种类气体对光信号的吸收强度与气体浓度之间的线性关系，再结合吸收光谱图中吸收峰的强度，得出已知种类气体的浓度。

计算机根据近红外光谱仪输出的数据进行处理，具体是：首先根据接收到的数据找出吸收峰，并将吸收峰与现有气体的吸收峰进行对比，得出待测气体的种类；之后找出激光被气体吸收前后的光强及光强变化，根据吸收前后光强及光强的变化计算出已知种类气体的浓度。

3.5　本章小结

本章首先分别对 TDLAS 实验系统和超连续谱实验系统整体进行了设计与搭建，分别对其组成部分进行了详细介绍，说明了关键仪器设备的原理及选用原因，并对数据采集部分的信号采集软件进行了编写。接着，对近红外激光光谱技术的并行气体探测系统的总体方案进行了设计。最后，基于前面所述的 TDLAS 和超连续谱激光气体检测技术的各自优势，设计了新型组合式气体检测系统，阐明了系统的工作原理、操作步骤，并拟定了新型检测系统的研究方案。

第 4 章

基于可调谐激光的 CO_2 浓度测量研究

4.1　基于可调谐二极管激光的 CO_2 浓度检测实验

4.1.1　DFB 激光器的调谐特性分析

在 TDLAS 实验中，可调谐二极管激光器的瞬时输出波长可随着工作温度和注入电流的调谐而改变[158]，而两者改变波长的机理是不同的：改变工作温度可以使激光器内的半导体材料禁带宽度发生改变，从而引起输出波长的改变；而改变注入电流则使得半导体材料的折射率发生改变，从而引起输出波长的改变。

因此，在进行浓度实验之前，首先必须确定 DFB 激光器的最佳工作温度和电流参数，从而确保 CO_2 气体对激光器出射激光有最大吸收。CO_2 气体在波长范围 1 430.82 ~ 1 434.10 nm 间吸收非常明显，且最大吸收处在 1 431.86 nm 处，根据 DFB 激光二极管电流-温度调谐特性的解析模型[159]，结合 DFB1430 激光器本身工作参数，通过多次改变调制信号发生器产生的锯齿波的频率和幅值、激光控制器的驱动电流和温度，初步测试了激光经过气体池被浓度为 8% 的 CO_2 气体吸收后的直接吸收信号。不同驱动温度和电流的直接吸收信号如图 4-1 所示。

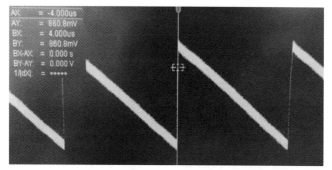

T=29 ℃，I=50 mA，f=50 Hz，Vpp=100 mV

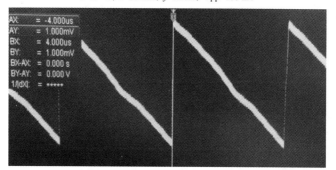

T=40 ℃，I=50 mA，f=50 Hz，Vpp=100 mV

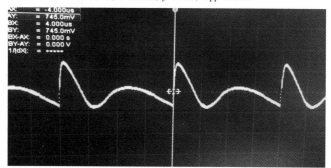

T=45 ℃，I=60 mA，f=50 Hz，Vpp=100 mV

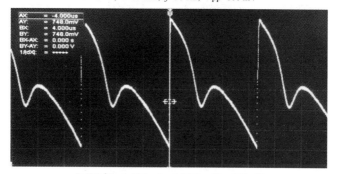

T=49.3 ℃，I=57.6 mA，f=60 Hz，Vpp=200 mV

图 4-1　不同驱动温度和电流的直接吸收信号

通过多次实验结果的波形对比来看，将二极管激光器工作温度设置为 49.3 ℃，工作电流设置为 57.6 mA，可满足 CO_2 气体吸收最大的要求。

4.1.2　实验参数的选择

为确保探测系统的有效性，利用数字示波器对探测信号进行了观察，首先通过激光控制器确定了 DFB 激光器的温度为 49.3 ℃，电流为 57.6 mA，此时激光器发出的波长在 1 432 nm 附近；然后待系统稳定后通过观察数字示波器上的波形，利用信号发生器调节扫描频率、扫描幅度、调制频率和调制幅度的大小。

1. 扫描频率的确定

频率是指在单位时间内待测信号做周期性变化的次数，扫描频率是指激光器进行周期性扫描的速率。在此，通过信号发生器调节扫描频率的大小，在采样速率一定的条件下，扫描频率越大，则周期性扫描时间越短，同时周期内采样点数越少，示波器上会显示多于一个周期的波形图；反之扫描频率越小，周期性扫描时间越长，周期内采样点数越多。然而扫描频率的变化并不会给吸收光谱的信号强度带来影响，为便于观察波形变化，本章扫描频率选择 10 Hz。

2. 扫描幅度的确定

通过信号发生器改变输入扫描幅度大小时，发现会引起激光器输出波长范围的变化，只有当激光器输出波长正好扫过 CO_2 气体目标谱线时，才能检测到完整且独立的信号。图 4-2 为扫描幅度分别为 250 mV、400 mV 和 500 mV 时对应的波形，从图 4-2（a）中可知，扫描幅度过小，会造成扫描波长不能完全扫过 CO_2 目标吸收线或不能扫到 CO_2 目标吸收线，以至于不能检测到完整的波形图；图 4-2（c）显示扫描幅度过大，可能会扫描多于目标谱线以外的吸收线，造成图中所示的检测到的波形图。因此扫描幅度对测量结果有重要影响，本文将扫描幅度 400 mV 作为扫描信号的电压。

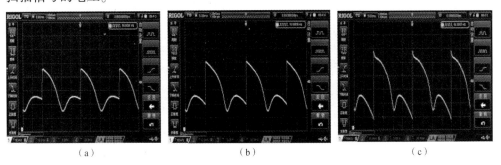

| （a） | （b） | （c） |

图 4-2　不同扫描幅度下的波形

（a）250 mV 波形；（b）400 mV 波形；（c）500 mV 波形

3. 调制频率的确定

实验中各种噪声的影响对测量结果带来了一定的影响，因此在测量实验中，叠加一个调制频率使探测信号处于高频状态，可以抑制 $1/f$ 噪声对测量信号的影响。图 4-3 表示调制频率分别为 3 kHz、5 kHz、10 kHz、20 kHz 和 25 kHz 所对应的测量信号，从图中可得出：随着调制频率的增加，测量信号的峰值信号强度减小，但调制频率过小会引起测量信号波形失真；尽管调制频率越大，越能有效抑制噪声，但调制频率过高会使信号强度过小，因此本文将调制频率 10 kHz 作为调制信号的频率。

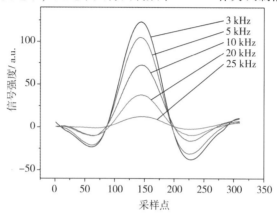

图 4-3   不同调制频率下的信号强度

4. 调制幅度的确定

通过信号发生器对调制信号的幅度进行调节，发现调制幅度的大小影响着吸收谱线的线型。图 4-4（a）、（b）分别为 200 mV 和 300 mV 的测量信号波形图，调制幅度越大，吸收谱线形状越宽，但是调制幅度过高会引起波形失真，因此本文将调制幅度 200 mV 作为调制信号电压。

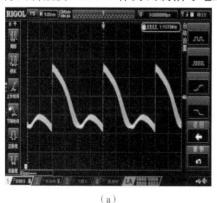
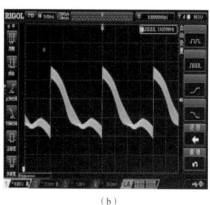

（a）   （b）

图 4-4   不同调制幅度下的谱线形状

（a）200 mV 波形图；（b）300 mV 波形图

综上所述，本章最终选用的实验参数为：扫描频率 10 Hz、扫描幅度 400 mV、调制频率 10 kHz、调制幅度为 200 mV。

4.1.3　实验过程及结果分析

（1）由调制信号发生器 2 通道输出调制信号到激光控制器的信号输入端，与控制器本身输出的直流偏置信号叠加，来控制激光器的电流大小，其中，调制正弦信号的频率为 10 kHz，幅值为 200 mV；扫描锯齿信号的频率为 10 Hz，幅值为 400 mV；

（2）激光器输出的激光经准直器准直后，进入怀特型长光程吸收池，经多次反射，调节反射镜片，使怀特池的下凹镜面形成 21 个光点，计算得其光程为 26.4 mV。

（3）调节光电探测器的增益为 60 dB，其将被吸收的光信号转换为电信号，并经放大后传输到锁相放大器。

（4）锁相放大器对检测到的信号进行滤波和谐波检测，然后输出模拟信号至数据采集卡，数据采集卡将信号转换后被电脑设置好的软件采集，通过 LabVIEW 设置采样率。锁相放大器的参考信号是由调制信号发生器 3 通道输出的 20 kHz 的正弦波信号。

（5）首先经过动态稀释校准仪输出背景气体，即高纯氮，浓度为 99.99%，充入怀特型长光程吸收池，将采集到的信号作为背景信号。

（6）更换气体池中气体为所需浓度的 CO_2 气体，重复以上步骤（1）～（4），进行浓度实验，并对后续数据进行处理。

由动态稀释校准仪分别配比出浓度为 0.3%、0.5%、0.9%、1.2%、1.5% 和 2.0% 的 CO_2 气体，并将其充入长光程气体吸收池进行实验，分别测其二次谐波吸收信号，为了使实验结果尽可能准确，每测完一个浓度后都用高纯氮对气体池吹扫，再充入待测浓度的 CO_2 气体，计算机在采集吸收信号时，对数据进行 50 次累加平均，从而提高信噪比，将采集得到的吸收信号分别进行噪声分析、背景扣除和平滑滤波等技术处理，并将最强吸收峰提取出来，得到如图 4-5 所示的吸收信号图。

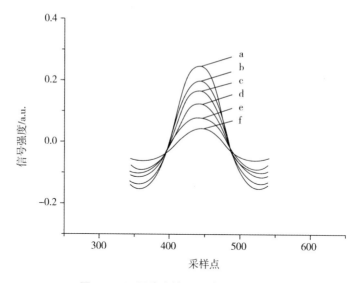

图 4-5　不同浓度的 CO_2 气体吸收信号

图 4-5 中，标号 a～f 分别对应浓度为 2.0%、1.5%、1.2%、0.9%、0.5%、0.3% 的 CO_2 气体吸收信号，对其峰值强度和对应浓度作线性拟合，如图 4-6 所示，拟合系数为 0.999 53，从图中可以看出二次谐波信号强度与浓度呈现非常好的线性关系。

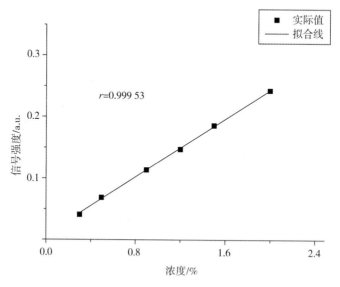

图 4-6　吸收信号峰值与浓度拟合结果

4.1.4　检测灵敏度分析

系统的检测灵敏度（检测限）是系统所能检测出的待测气体的最低浓度，它能间接地反映系统的背景噪声的干扰程度和测量结果的可靠性与有效性。其计算方法有以下 3 种。

（1）根据信噪比确定检测灵敏度，信噪比 $S/N = 1$ 时对应的最小检测信号作为系统检测限[160]。

（2）根据背景噪声确定检测灵敏度，取测量信号等于噪声标准差 3 倍时的信号值作为系统检测限[161]。

（3）根据实验结果的阿伦方差，取其最小值的二分之一次方作为系统检测限[162]。

本系统按照第一种方法进行计算，设最小检测信号为 α_{min}，则 $\alpha_{min} = P_{abs}/P_0$[163]，式中，$P_0$ 为入射气体池的激光功率，P_{abs} 为从气体池出射激光功率。当调制信号的频率低于 100 kHz 时，系统噪声的主要来源就是二极管激光器的 $1/f$ 噪声，因此 α_{min} 又可写成下式：

$$\alpha_{min} = (P_{ex}/P_0)\sqrt{B/f} \qquad (4-1)$$

式中，P_{ex} 为 1 Hz 检测带宽下激光功率的波动幅度，一般取 $P_{ex}/P_0 = 10^{-4}$；B 为激光过量噪声的频率特性，一般取 $0.8 \sim 1.5$。在上述实验中，所设置的方波频率为 20 kHz，我们取 $B = 1.5$，计算得 $\alpha_{min} = 0.87 \times 10^{-6}$，此即该套 TDLAS 检测系统的最低检测限，也就是其灵敏度。

4.2　基于可调谐二极管激光温度对 CO_2 吸收光谱影响的测量实验

4.2.1　实验过程

（1）激光器参数的选择。通过对 CO_2 直接吸收光谱的测量研究，确定了激光器工作的最佳电流、温度参数。激光控制器能够提供激光光源所需要的温度和电流，使其输出稳定单一波长的激光。

（2）温控器（Proportional-Integral-Derivative，PID）参数的确定。PID 控制分别代表比例、积分、微分控制，通过调节温控器 PID 的参数进而保证温控系统的稳定性。经调试，确定了 PID 的值，分别设置其为 16、0.01、4。

（3）温度范围的设定。实验在标准大气压 1 atm 下进行，将吸收池配上加热套，通过温控器设定温度对吸收池进行加热，设定起始温度值为 293 K，之后依次将温度升高，步进值为 10 K，直至加热到 373 K。

（4）气体的通入。完成温度的设置后保持此温度 20 min，确保吸收池内气体被充分均匀加热。首先向吸收池中通入 N_2 将空气吹扫干净，之后向吸收池中通入浓度为 99.9% 的 CO_2 进行实验。

（5）信号参数的设定。通过激光器产生可调谐激光，设置调制信号发生器产生一个由 10 kHz、200 mV 的正弦波和 10 Hz、400 mV 的锯齿波叠加而成的调制信号到激光控制器，此外调制信号产生一个 20 kHz、200 mV 作为参考信号的正弦波到锁相放大器。

（6）数据的采集。输出的激光经过准直器后入射至吸收池，光信号通过近红外探测器转化为电信号，最终由数据采集卡和计算机完成数据的接收与存储。

4.2.2　预处理方法的确定

激光器噪声、光电探测器噪声等仪器设备会对气体的测量产生一定影响，因此，利用软件 Origin 对采集到的光谱信息进行光滑预处理。通过比较 S-G（Savitzky-Golay）滤波法、FFT（FFT-Filter）滤波法、P-F（Percentile-Filter）滤波法等 3 种滤波方法，确定了最佳数据预处理方法，降低了系统随机误差，进而提高了所建模型的预测能力。

对 3 种不同滤波方法预处理的评价指标如表 4-1 所示，图 4-7（a）为原始光谱信号；图 4-7（b）为 S-G 滤波处理后得到的光谱图，平滑滤波后波形较光滑，能够保持波形原有形状，提取出信号的峰峰值，明显消除噪声；图 4-7（c）为 FFT 滤波后得到的光谱图，经该方法滤波后，均方误差及峰值相对较小，数据更加接近真实值，保留了原有光谱的波峰及波谷细节，但光滑滤波效果较差，曲线顶端仍然存在噪声，不能分离噪声信号重叠干扰；图 4-7（d）为 P-F 滤波法得到的光谱图，图形轮廓较为清晰，但提取的吸收峰不明显，处理后光谱曲线出现轻度失真，导致峰值相对误差偏大。因此，实验最终选取 S-G 滤波法对数据进行预处理。

表 4-1　光谱预处理优化结果评价指标

预处理方法	最佳设置参数	MSE	峰值相对误差
S-G 滤波法	pow = 55，po = 2	8.2×10^{-7}	3.0%
FFT 滤波法	pow = 60	1.8×10^{-9}	0.3%
P-F 滤波法	pow = 20，po = 50	4.9×10^{-8}	9.0%

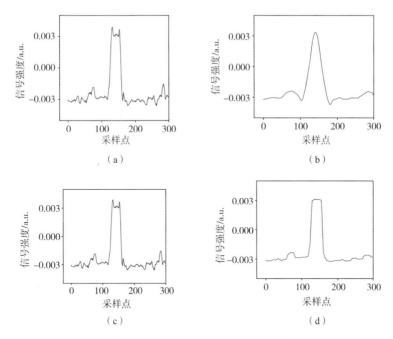

图 4-7　数据预处理前后的光谱图

（a）原始光谱信号；（b）S-G 滤波光谱图；（c）FFT 滤波光谱图；（d）P-F 滤波光谱图

4.2.3　实验结果

将采集到的数据经过 S-G 滤波法平滑滤波后得到 CO_2 在不同温度下的二次谐波信号，结果如图 4-8 所示。从图中可以看出，随着气体的温度不断升高，气体信号峰值逐渐减小，由于温度对谱线强度的影响较为敏感，谱线强度随温度的增大而逐渐减小，CO_2 的吸收能力也会逐渐降低，因此二次谐波信号的强度也会逐渐减小。

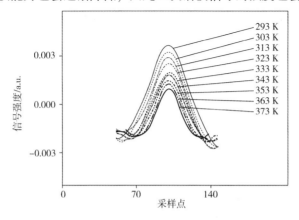

图 4-8　不同温度下的 CO_2 信号强度

4.2.4 建模及评价

以温度为横坐标，二次谐波信号强度为纵坐标，对二者关系进行拟合。为了使拟合效果最优，分别采用一阶～四阶多项式进行拟合，拟合优度的评价标准参数 R^2 值和残差平方和（SSE）如表4-2所示。

表4-2 不同阶次下温度与信号强度的拟合优度评价

拟合优度	一阶	二阶	三阶	四阶
R^2	0.990 96	0.995 35	0.995 33	0.994 73
残差平方和（SSE）	$5.583×10^{-8}$	$2.463×10^{-8}$	$2.059×10^{-8}$	$1.859×10^{-8}$

综合考虑，R^2 最大值在二阶多项式拟合时出现，一阶到四阶残差平方和量级相同，从二阶多项式开始，残差平方和呈现减小趋势，在保证拟合效果最优的前提下，最终选择二阶多项式拟合作为 CO_2 的最优模型，拟合模型如图4-9所示。对非线性模型的实际预测能力进行评价验证，计算均方根误差 RMSE。通过计算得到的均方根误差为 RMSE=0.000 16。将各温度下拟合强度值与原信号强度值进行对比，得到的最大相对误差为5.5%，非线性模型的稳定性较好。

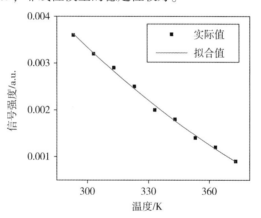

图4-9 温度与信号强度拟合结果

4.3 基于可调谐激光并行气体探测系统的 CO_2 浓度检测实验

4.3.1 基于近红外激光光谱技术的并行气体探测系统

近红外激光光谱技术的并行气体探测系统将中心波长为 1 430 nm 的 DFB 激光器作为光源，光谱仪和光电探测器对 CO_2 浓度同时进行探测，系统测量原理如图

4-10 所示，整体结构包括 3 个部分：（1）激光发射单元，包括信号发生器、激光控制器、DFB 激光器和准直器；（2）中央处理单元，包含怀特池、动态稀释校准仪和气瓶；（3）接收与处理系统，包括聚焦透镜、光电探测器、锁相放大器、数字示波器、光谱仪和计算机。

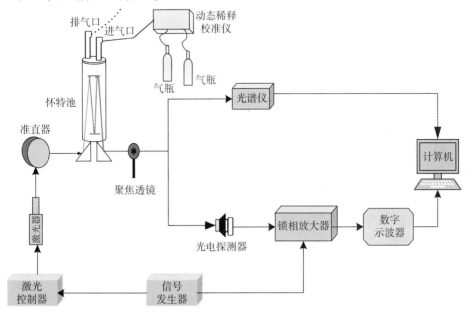

图 4-10　近红外激光光谱技术并行气体探测系统示意

1. 接收与处理系统

透射光经焦距为 100 mm 的聚焦透镜至一分二光纤，一路由光电探测器接收转换，另一路经光谱仪至计算机。本研究采用 Ocean Optics 公司的 NIRQuest512-2.5 近红外光谱仪，如图 4-11 所示，其工作原理为：由吸收池出来的透射光经狭缝至光栅，光栅分光系统把具有不同波长的复色光根据衍射角的不同分开，最终形成吸收光谱，InGaAs 线阵探测器将光信号转换为电信号，输出的信号经光谱分析处理，最终显示出吸收光谱。该光谱仪光谱覆盖范围为 900 ~ 2 500 nm，具有稳定、快速等特点。

图 4-11　NIRQuest512-2.5 近红外光谱仪实物

2. 数据处理中心

LabVIEW 是一种高性能图形化编程软件，其优势在于操作简单、编程功能强大、能够实现友好的人机交互界面，主要用于仪器控制、数据采集、数据显示等。图4-12（a）为数字示波器的数据采集程序的前面板，可实现波形显示及数据存储等功能，这种采集方法在一定程度上提高了工作效率。图4-12（b）为光谱仪应用软件，它提供了一个良好的人机交互界面，实现可视化的操作方法，完成数据的标定和校准，并具有数据的存储、打印等功能。

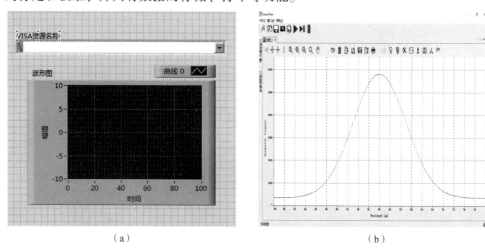

（a） （b）

图4-12 应用软件

（a）数字示波器控制界面；（b）光谱仪控制界面

4.3.2 气体探测实现流程

近红外激光光谱技术的并行探测系统对 CO_2 气体浓度测量的实验步骤如下。

（1）实验装置的连接。将实验装置放置在光学实验台上，将调制信号发生器、激光控制器、DFB 激光器、准直器、怀特池、聚焦透镜、光电探测器、锁相放大器、数字示波器、光谱仪根据探测系统结构原理图 4-10 依次连接好，并固定在光学实验平台上。

（2）光路的调整。利用可见光红外激光器进行光路调整，待激光器稳定后经准直器水平至一张白纸，通过白纸上光点的位置来调节聚焦透镜和怀特池。怀特池的位置通过调整四维精密镜架，使吸收池下端球面镜出现尽可能多的光点（光点数为21，光程为26.4 m），且入射光经多次反射后可水平射出，最终透射光经聚焦透镜至一分二光纤。

（3）仪器参数的设置。首先设置调制信号发生器的扫描频率为 10 Hz，扫描幅度为 400 mV，调制频率为 10 kHz，调制幅度为 200 mV，参考信号的频率为 10 kHz，幅度为 200 mV，激光控制器的电流为 58 mA，温度为 48.9 ℃；接通数字示波器和光谱仪的电源，分别打开计算机软件，设置数字示波器采集程序的采集通道为第三通道，在 VISA 资源名称列表框中选择设备资源，在光谱仪软件中设置积分时间为 30 ms。

（4）充入气体。仪器参数设置完毕后，将怀特池的进气口和出气口阀门打开，先用 99.99% N_2 对吸收池进行扫吹，排除其他气体对待测气体的干扰，然后通过气体流量计分别配置出所需浓度的 CO_2 充入吸收池，计算机对数据进行采集与分析。

由动态稀释校准仪分别配比出浓度为 0.2%、0.4%、0.6%、0.8%、1.0%、1.2%、1.4% 和 1.6% 的 CO_2，通入怀特型吸收池以待检测。在常温（296 K）常压（1 个标准大气压）条件下，并行检测系统由调制信号发生器产生扫描频率为 10 Hz、扫描幅度为 400 mV 的锯齿波扫描信号和调制频率为 10 kHz、调制幅度为 200 mV 的正弦调制信号，传输至激光控制器，设置激光控制器的工作温度为 48.9 ℃、工作电流为 58 mA，对激光器输出波长进行调谐。采用中心波长为 1 430 nm 的 DFB 激光器作为光源，激光射出后经准直器入射到怀特池，在怀特池内多次反射后射出，衰减后的光经透镜聚集到一点，经一分二光纤一路被光电探测器接收并转换为电信号，锁相放大器对信号进行解调后，通过数字示波器进行 CO_2 信号的显示和存储；另一路进入光谱仪，光谱仪将采集到的原始数据传入计算机软件中保存，最终使用 Origin 软件对数据进行分析处理。

4.3.3　光电探测器探测结果

在近红外激光光谱技术探测二氧化碳的研究中，往往通过一些性能指标来反映该技术对 CO_2 信号探测的效果好坏，这些性能指标包括线性度、检测限、稳定性及测量误差等，下面是基于近红外激光光谱技术由光电探测器探测 CO_2 所得到的各个性能指标。

1. CO_2 的浓度测量实验

动态稀释校准仪将 99.9% 的 CO_2 和 99.99% 的 N_2 以控制流速的方式，配比出不同浓度的 CO_2，依次充入吸收池，作为待测气体 CO_2 的测量浓度，为保证实验检测灵敏度，实验过程中每测完一个浓度，都会以高纯 N_2 吹扫吸收池。DFB 激光器发出的光经怀特池进行特征吸收，透射光经光纤一分为二，一路由光电探测器接收转换，得到图 4-13 所示的不同浓度 CO_2 所对应的二次谐波信号。横坐标为采样点，纵坐标为信号强度，从图中可看出：随着 CO_2 浓度的增加，信号强度增大，这表明了浓度与二次谐波信号之间的正相关性。

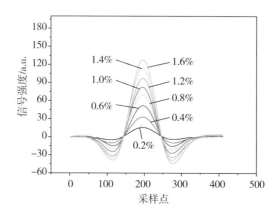

图 4-13　不同 CO_2 浓度下的信号强度

2. 系统线性度分析

线性度是测量结果好坏的重要性能指标，彰显了实验系统对测量定标曲线的修正能力和拟合直线的准确度，在 CO_2 浓度测量实验中，对每种浓度的 CO_2 都检测 30 min，待充入吸收池的气体稳定后，计算机软件开始采样，每隔 1 min 采样一次并保存，得到每种浓度的 30 组二次谐波信号，然后对信号强度求和取平均值作为最后的信号强度，利用求和法求解 CO_2 浓度，对浓度与信号强度进行线性拟合，拟合结果如图 4-14 所示。

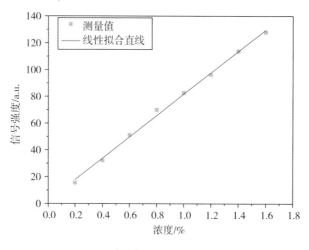

图 4-14　浓度与信号强度的拟合直线

由图 4-14 可知，在 0.2% ~1.6% 浓度范围内，浓度与信号强度之间的表达式为 $y = 79.915x + 1.7985$，相关线性度 R^2 为 0.996 34。已知任意未知浓度 CO_2 的信号强度时，根据线性表达式即可求出对应的浓度值。通过计算得到的实验测量误差不超过 0.05%，发生在测量浓度 0.8% 处，究其原因可能是动态稀释校准仪配置气体时气流不稳或者其精度不高。

3. 系统检测限分析

系统的检测限又称为系统的浓度测量最小值，是评价系统的重要指标，反映了吸收光谱技术的灵敏度和背景噪声的大小，在此，最低检测限通过 3 倍噪声幅值与灵敏度的比值对系统检测限进行推算，其中最小灵敏度为信号响应值与其对应的浓度比值，信噪比为信号响应值与无吸收处噪声信号强度的比值。以 1.0% 的 CO_2 为例，将其通入怀特池进行周期性扫描，由光电探测器接收转换得到如图 4-15 所示的吸收光谱图，通过计算分析得到该系统的检测限为 1.56 ppm。

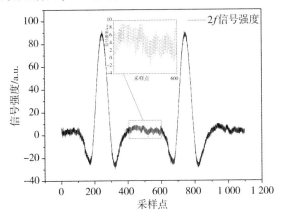

图 4-15　浓度为 1.0% 的 CO_2 二次谐波信号

4. 系统稳定性分析

系统的稳定性是指被测气体 CO_2 在单位浓度变化时所得到的测量浓度的变化程度。为评估系统长时间的稳定性，在常温常压条件下，将 1.0% 的 CO_2 通入怀特池进行检测，连续测量 1 h，每 30 s 采集一次数据，将采集得到的 120 组数据保存，通过图 4-14 中的表达式计算测量浓度，测量结果如图 4-16 所示，可知在长达 1 h 的测量过程中，120 次测量结果的平均值为 1.0005%，浓度反演计算的输出范围为 0.945% ~ 1.058%，误差不超过 0.058%，说明系统在实验过程中可稳定工作。

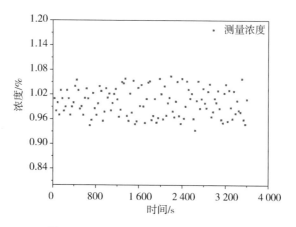

图 4-16 1.0%的 CO_2 稳定性数据分析

4.3.4 光谱仪探测结果

为了提高激光利用率和保证光谱仪在实验中具有良好的稳定性，激光经准直器后以平行光的形式进入怀特池，之后再将携带的吸收特征信息光谱的光以平行光的形式传至聚焦透镜再到一分二光纤，一路进入光电探测器，一路进入光谱仪，最后光谱经计算机分析处理。光谱仪探测信号的原理如图 4-17 所示。

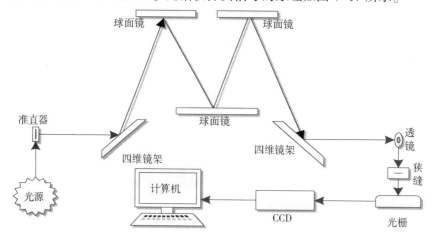

图 4-17 光谱仪探测原理

1. CO_2 浓度测量的吸收光谱分析

在常温常压条件下，基于 DFB 激光器实现光谱仪和光电探测器对 CO_2 浓度的同时探测，与章节 4.3.3 中数据处理方式相同，图 4-18 显示了由光谱仪接收探测到的不同浓度的 CO_2 吸收光谱信号。从图中可看出：CO_2 分子在 1 424 ~ 1 434 nm 范围内具有较强的特征吸收谱带，在 1 430 nm 附近存在明显的吸收特征谱段。基于求和法绘制波长和信号强度的拟合直线，结果如图 4-19 所示，从图中可知：浓度和信号强度之间的函数表达式为 $y = 0.597\ 58x + 5.301\ 99$，线性相关度 R^2 为 0.992 33。

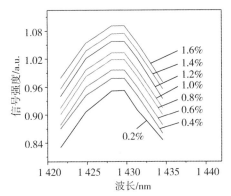

图 4-18　不同浓度下的 CO_2 吸收光谱

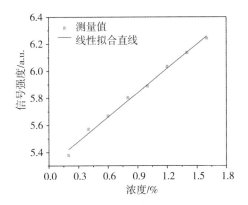

图 4-19　浓度与信号强度拟合直线

2. 系统可重复性分析

在相同的测量环境下，通过对单一浓度的多次测量的标准差来推算重复性，重复性在数值上为两倍或三倍标准差与满量程的百分比。实验前先用高纯 N_2 吹扫气室，然后通入浓度 1.0% 的 CO_2 至怀特池进行实验，重复测量 10 次，并记录下每次测得的 CO_2 吸收光谱数据，通过分析处理得到如表 4-3 所示的实验数据。

表 4-3　1.0% 的 CO_2 重复性实验数据

次数	1	2	3	4	5	6	7	8	9	10
浓度/%	0.998 0	1.001	1.001	0.997 0	0.999 0	1.001	1.001	1.001	0.998 0	1.002

测量标准差的表达式为

$$\sigma = \sqrt{\frac{\sum_{i=1}^{n}(C_i - \overline{C})^2}{n-1}} \qquad (4\text{-}2)$$

式（4-2）中，C_i 是单次测量浓度值，$\overline{C}$ 是测量浓度的平均值，n 为测量次数。

重复性的表达式为

$$\delta_k = \pm \frac{2\sigma \sim 3\sigma}{Y_{F\cdot S}} \times 100\% \qquad (4\text{-}3)$$

式（4-3）中，δ_k 为重复性，σ 为标准差，$Y_{F\cdot S}$ 为满量程值，通过计算得到重复性为 $2.8 \times 10^{-4} \sim 4.2 \times 10^{-4}$，表明了实验系统具有较低的重复性。

3. 零点漂移分析

在探测 CO_2 的过程中，零点漂移也是一个重要的性能指标，体现出一个系统在长时间测量过程中，测量结果的可靠程度。在常温常压条件下，在无待测气体存在情况下，用光谱仪对 CO_2 信号进行探测，持续时间为 1 h，每 30 s 采集一次数据并保存，在 Origin 软件中绘制图 4-20 所示的零点漂移曲线。从图中可知：在长达 1 h 的测量中，系统测量时零点漂移为 0.496 ppm/h，结果表明该探测系统零点漂移较小，适合低浓度 CO_2 检测。

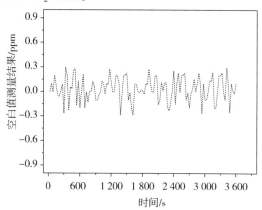

图 4-20　零点漂移曲线

4. 加权融合模型的建立

权重 ω 是指某一因素或指标在整体评价中的重要程度，权重越大则重要性越大。假设光电探测器探测 CO_2 吸收光谱得到的数学模型为 $Y_1 = a_1 x + b_1$，光谱仪探测 CO_2 吸收光谱得到的数学模型为 $Y_2 = a_2 x + b_2$。为提高系统检测精度，将两路探测系统所建立的数学模型根据标准离差法进行加权融合，得到融合模型 $Y = \omega_1 Y_1 +$

$\omega_2 Y_2$，最终达到提高系统检测精度的目的，同时也可为实际测量中其他痕量气体的检测提供新思路。

1）标准离差法加权融合

首先根据标准差大小 σ_i 来确定权重，通常情况下，单个模型的标准差越大，其权重越大，在融合模型中所起的作用就越大；然后再进行归一化处理得到权重系数：

$$\omega_i = \frac{\sigma_i}{\sum\limits_{i=1}^{n} \sigma_i}, \ i = 1, 2, \cdots, n \tag{4-4}$$

由光电探测器和光谱仪对 1.0% 的 CO_2 同时进行测量，分别采集 10 组数据并保存，通过对光谱分析处理，光电探测器探测到的 CO_2 信号根据式（4-2）得到标准差为 9.70×10^{-6}，可知光谱仪探测 CO_2 吸收光谱得到的标准差为 8.26×10^{-6}，根据式（4-4）求得 ω_1 为 0.54，ω_2 为 0.46，得到融合模型 $Y = 0.54Y_1 + 0.46Y_2$。

2）加权融合模型的评价

根据图 4-14 和图 4-19 所建立的数学模型 Y_1 和 Y_2，对 0.2%、0.4%、0.6%、0.8%、1.0%、1.2%、1.4% 和 1.6% 的 CO_2 进行浓度反演，再通过标准离差法加权融合得到的模型 Y 对 CO_2 浓度进行反演，结果如表 4-4 所示，得到模型 Y_1 的最大测量误差为 13.9%，Y_2 的最大测量误差为 36.3%，Y 的最大测量误差为 13.6%，3 个模型的最大测量误差均发生在浓度为 0.2% 处，分析其原因是，该处 CO_2 气体浓度较低，对激光的吸收程度较弱，进而造成吸收信号的信噪比下降，从而引起的测量误差较大。

表 4-4　测量误差结果

模型	测量误差/%
单一模型 Y_1	13.9
单一模型 Y_2	36.3
组合模型 Y	13.6

分析可知，通过标准离差法进行加权融合得到组合模型的测量误差，相比于单一模型的测量误差有效降低，测量误差由 36.3% 减少到 13.6%，因此通过加权融合得到的组合模型能有效提升浓度反演能力，进而提高了系统检测精度。

4.4　本章小结

本章基于 TDLAS 技术的 CO_2 浓度测量方法，研发了一种基于近红外激光光谱技术的并行探测系统，将中心波长为 1 430 nm 的 DFB 激光器作为光源，实现光电

探测器和光谱仪对 CO_2 信号的同时探测。首先分析了扫描频率、扫描幅度、调制频率及调制幅度对吸收光谱信号的影响，根据结果分析，将扫描频率 10 Hz、扫描幅度 400 mV、调制频率 10 kHz、调制幅度 200 mV 作为最佳实验参数。然后，为评价该探测系统的性能指标，一方面对光电探测器探测到的 CO_2 信号进行处理分析，得到线性度为 0.996 34，检测限为 1.56 ppm，系统稳定性误差低于 0.058%；另一方面对光谱仪探测到的 CO_2 信号进行处理分析，得到线性度为 0.992 33，重复性为 $2.8\times10^{-4} \sim 4.2\times10^{-4}$，零点漂移为 0.496 ppm/h。最后基于光电探测器和光谱仪同时探测 CO_2 所建立的浓度与信号强度的模型，通过标准离差法加权融合最终得到一个新的组合测量模型，进而提高了系统检测精度。研究结果表明近红外激光光谱技术的并行探测系统用两种不同探测器可同时实现对 CO_2 浓度的有效测量。

第 5 章

基于超连续谱激光的 CO_2 气体浓度测量研究

5.1 基于超连续谱激光的恒温环境 CO_2 浓度测量实验

5.1.1 实验过程

（1）预热超连续谱激光器 15 min 后，按照面板上①>②>③的顺序开启激光器；

（2）打开 LLTF 控制软件 PHySpecV2，默认输出激光波长为 1 000 nm，为了使光路调节方便，将输出光波长调节为 1 200 nm（借助其二次谐波可见）；

（3）调整反射镜 1、2 的四维精密镜架，使激光可以沿直线照射至怀特池的 45°反射镜上；

（4）向怀特池中通入浓度为 99.9% 的 N_2 作为背景气体。由于怀特池中之前为空气，所以需要通入压强较大的 N_2，并保持一段时间，这样才能保证将池中空气排尽；

（5）微调四维镜架，尽可能多的在怀特池的下凹面形成光点，光点数为 21，计算光程为 26.4 m；

（6）安装光学滤光片，在 PHySpecV2 中设定自动扫描波长、在 LabVIEW 中设置所需参数进行波形数据采集；

（7）将怀特池中 N_2 排出，替换为所需浓度的 CO_2，重复（5）和（6）；

（8）对两组测量数据对比分析。

5.1.2 实验参数的选择

（1）波长扫描范围选取 1 567 ~ 1 575 nm。

为了找出适应本系统的合适参数，波长扫描分三次进行：第一，大范围扫描，波长 1 567 ~ 1 575 nm；第二，中度范围扫描，波长 1 570 ~ 1 574 nm；第三，小范围扫描，波长 1 571 ~ 1 573 nm。

①扫描范围 1 567 ~ 1 575 nm。设置扫描步长为 0.3 nm，每步延时 35 ms，采样率为 30 kHz，增益为 40 dB。

图 5-1 中图（a）为通入 N_2 的波形信号，图（b）为通入 99.9% CO_2 波形信号，图（c）为扣除背景后信号，为了对各个波形作对比分析，将 3 个波形用图（d）表示，波形 A、B、C 分别表示背景信号、扣除背景信号、99.9% CO_2 信号。从图（d）中可以看出，通入高浓度 CO_2 虽然存在吸收峰信号，但效果并不明显。

②扫描范围 1 570 ~ 1 574 nm。设置扫描步长为 0.1 nm，每步延时 30 ms，采样率为 30 kHz，增益为 40 dB。

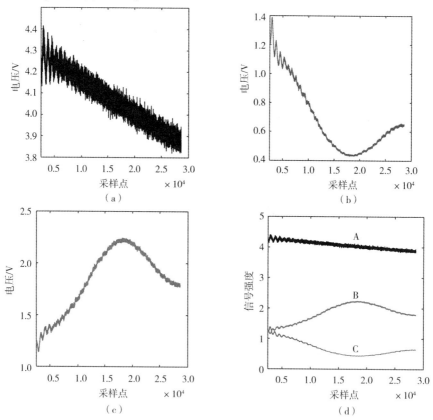

图 5-1　1 567 ~ 1 575 nm 扫描结果

图 5-2 中图（a）、图（b）、图（c）分别表示通入 N_2、通入 99.9% CO_2、扣除背景的波形，分别对应图（d）中的 A、C、B。

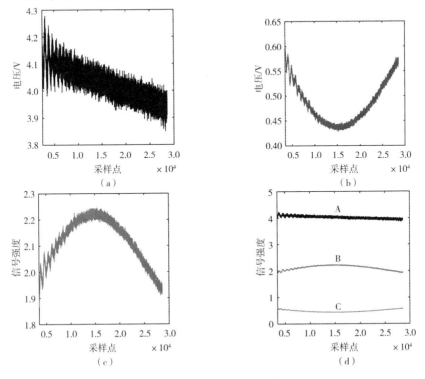

图 5-2　1 570 ~ 1 574 nm 扫描结果

③波长扫描范围 1 571 ~ 1 573 nm。设置步长 0.01 nm，单步延时 20 ms，采样率 30 kHz，增益设为 40 dB，同样进行上述实验。

图 5-3 中图（a）、图（b）、图（c）分别表示通入背景气体、99.9% CO_2 气体、扣除背景后的波形，分别对应图（d）中 A、C、B 3 个波形。

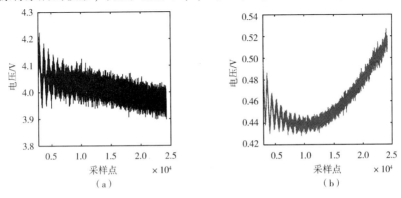

图 5-3　1 571 ~ 1 573 nm 扫描结果

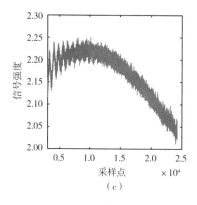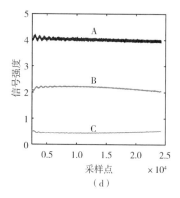

图 5-3　1 571 ~ 1 573 nm 扫描结果（续）

理论上背景信号与 99.9% CO_2 信号在起始采样端与采样结束端存在着重合特性，从上面 3 组实验中可以看到，在 1 567 ~ 1 575 nm 范围内扫描，虽然在单个通入 99.9% CO_2 信号可以看到较好的吸收特性，但将其与背景信号（背景信号不存在光强吸收）对比后明显与理论吸收波形不符，考虑可能是因为在选取的起始扫描波长与结束扫描波长处 CO_2 已经表现为一定的吸收特性，为了使采样数据表现为较好的吸收特性，改进实验决定将扫描步长拓宽，下面将扫描步长加宽为 1 552.4 ~ 1 574.4 nm 进行实验；除了上述情况外，从上面实验中可以看到，在进行中度范围和小范围扫描时，吸收信号的绝对电压值随着扫描范围的减小而明显降低，针对这种情况，理论上降低扫描过程的单步延时是可以提高电压信号的分辨率的，但是在进行了相关实验后发现，在对一定范围波长扫描时，LLTF 光学滤波器的实际最低单步延时为 20 ms，这样寄希望于降低单步扫描时间来实现较好的电压分辨率变得有点力不从心，经过综合考虑，接下来实验中的波长扫描统一选用较大范围。为了验证是否可能是不同波段扫描导致了上面分析的情况，实验中还进行了 1 575 ~ 1 587 nm、1 596 ~ 1 605 nm、1 605 ~ 1 615 nm 的扫描实验，发现实验结果与分析一致。

（2）波长扫描范围选取 1 552.4 ~ 1 574.4 nm。

上述实验过程中，波形线宽过大，判断是由采样率过大造成的，所以接下来的实验中分别选取采样率为 10 000 Hz、5 000 Hz、1 000 Hz 和 500 Hz，步长选取 1 nm 和 0.5 nm。

①设置步长 1 nm，单步延时 20 ms，增益为 40 dB。

图 5-4 和图 5-5 中 a、b、c 波形分别表示背景气体波形、99.9% CO_2 吸收波形、扣除背景波形。实验中验证了上面的分析，出现了较好的吸收峰特性，但是呈现的吸收峰并不是完整的吸收峰，考虑可能是在扫描波长结束处本身就存在着对待测气体的吸收特性，为了得到更好的吸收峰，接下来可以对两个吸收峰同时扫描，波长范围

选取 1 552.4～1 592.4 nm；除此之外，通过对不同采样率对比可以看出，采样率并不是越大越好，过大的采样率会使信号重叠，显示的波形过于宽大，不利于滤波处理中有用信息的提取，上述实验中发现，当采样率为 500 Hz 左右时，滤波后能够较好重现有用信号。实验中分别选取了步长 1 nm、0.5 nm 进行扫描，对比可以发现，步长为 1 nm 的扫描虽然扫描时间较短，但是每一步之间的转换存在较大的振动延时，吸收峰处表现较为平坦，并造成了较大的振动噪声，这样将会对实验结果造成较大干扰，步长为 0.5 nm 较 1 nm 有较好的改善。为了验证是否是吸收峰扫描范围导致了以上结果，实验中还对波段 1 592～1 615 nm 进行了实验验证，结果显示跟以上结果存在较好的一致性。经过上述分析，下面实验中选取扫描范围为 1 552.4～1 592.4 nm，采样率为 500 Hz 左右，步长选取应小于 0.5 nm。

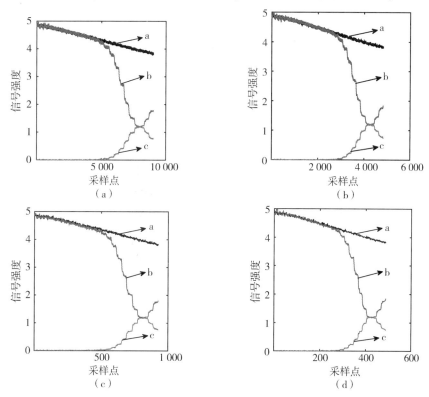

图 5-4　步长为 1nm 测量结果

（a）采样率 10 000 Hz；（b）采样率 5 000 Hz；（c）采样率 1 000 Hz；（d）采样率 500 Hz

②设置步长 0.5 nm，单步延时 20 ms，增益为 40 dB。

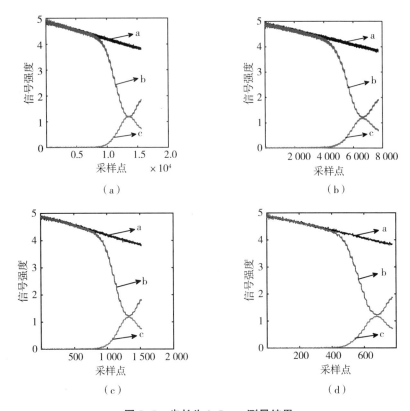

图 5-5　步长为 0.5 nm 测量结果

（a）采样率 10 000 Hz；（b）采样率 5 000 Hz；（c）采样率 1 000 Hz；（d）采样率 500 Hz

（3）波长扫描范围选取 1 552.4～1 592.4 nm。

①设置步长 0.2 nm，单步延时 20 ms，增益为 40 dB。

图 5-6 和图 5-7 中 a、b、c 分别表示背景波形、99.9% CO_2 波形、扣除背景波形。图 5-6 设置步长为 0.2 nm，通过对比（a）、（b）、（c）3 个图发现，在 300 Hz、400 Hz 时波形信号较为理想，图 5-7 步长设置为 0.1 nm，采样率为 300 Hz、400 Hz 时同样有着较好波形显示。一方面，考虑到步长 0.1 nm 相比 0.2 nm 测量时间更长，这样在多次测量取平均值时周期呈几十倍增加，违背了快速检测的原则；另一方面，300 Hz 较 400 Hz 的采样率不但可以减轻数据处理压力，而且使滤波过程对测量信号有更好的还原度，所以步长选取 0.2 nm，采样率选用 300 Hz 较为合适。通过实验发现波长在 1 592～1 634 nm 范围内扫描同样符合上述分析结果。

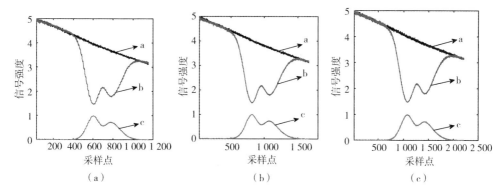

图 5-6　步长为 0.2 nm 测量结果

（a）采样率 250 Hz；（b）采样率 300 Hz；（c）采样率 400 Hz

②设置步长 0.1 nm，单步延时 20 ms，增益为 40 dB。

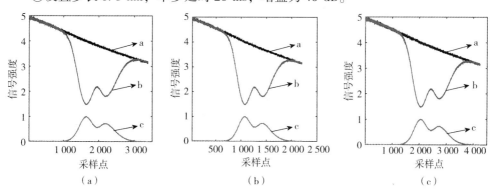

图 5-7　步长 0.1 nm 测量结果

（a）采样率 300 Hz；（b）采样率 400 Hz；（c）采样率 500 Hz

通过上面分析，最终实验参数选取为：扫描波长 1 552.4 ~ 1 592.4 nm、1 592 ~ 1 634 nm；步长 0.2 nm；单步延时 20 ms；数据采样率 300 Hz；增益 40 dB。

5.1.3　数据预处理

为了便于后期计算并保证测量信号对气体吸收信息准确体现，需要对测量数据进行初步的处理，数据处理主要包括：横坐标对应波长的转换、插值得到计算所需相关数据、滤波得到平滑吸收峰曲线。下面以波长扫描范围 1 592 ~ 1 634 nm 的实验为例来进行说明。

1. 横坐标对应波长转换

实际在采样过程中横坐标为采样点数，对应波长转换就是将采样点数与波长间隔细化处理的过程，借助 MATLAB 软件编程可方便实现，图 5-8、图 5-9 反映了横坐标转换前后的情况。

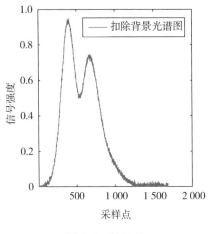

图 5-8　转换前

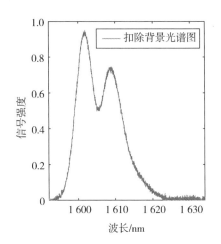

图 5-9　转换后

2. 插值计算

为了使结果更接近真值，在所测数据间插入连续数据点，使其结果更能反映真实结果，这种方法称为插值计算。通过几种插值对比后，发现三次样条插值效果较好，故实验中使用 MATLAB 中的 3 次样条插值函数处理，插值前后图形分别为图 5-10、图 5-11。

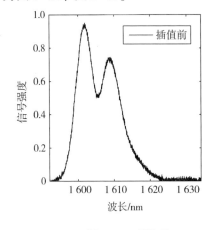

图 5-10　插值前

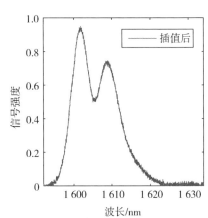

图 5-11　插值后

图 5-10 和图 5-11 显示，插值后结果与插值前总体趋势一致，波长对应点由原来 1 684 个增加为 42 001 个，可以找出 1 592～1 634 nm 之间间隔 0.001 nm 任意波长对应信号值。由于 HITRAN 数据库给出的线强与所需间隔并不对应，因此利用此插值可以计算出每个波长对应的线性强度具体值。

3. 滤波处理

在实验过程中由于噪声的存在，扣除背景后的信号往往还会出现很多毛刺，这样的结果不利于极值点的寻找，因此一般都要对波形信号进行平滑处理。数据的平滑是求最佳估计值的一种数学处理方法，基本过程是在平滑点周围进行平均拟合处理，以得到最接近真实值的结果，它可以消除噪声干扰，提高信噪比，更有利于对有用信号的提取计算。

常用的平滑滤波方法有：滑动平均滤波法、Savitzky-Golay 平滑滤波法（S-G平滑滤波法）、中值滤波法、FFT 滤波法、小波变换滤波法等。滑动平均滤波法容易造成波形信号失真；中值滤波法虽然能有效滤除脉冲干扰，但对快速平滑滤波效果较差；FFT 滤波法计算量大，且不能分离信号重叠干扰；小波变换法对于小波基函数选取有着较为严格的要求，一般用于离线处理场合；S-G 平滑滤波具有计算简便、快捷、对原有信号保持性较好、可提高信噪比等优势。综合考虑后，实验选用 S-G 平滑滤波来对信号进行平滑处理。

图 5-12 显示了 S-G 平滑滤波前后的波形图，从图上可以看出，滤波后不但使波形更加平滑，而且还保持了原有波形的特性。

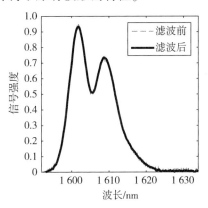

图 5-12　滤波前后波形图

5.1.4　不同浓度计算与反演

实验中分别对波长 1 552.4 ~ 1 592.4 nm 和 1 592 ~ 1 634 nm 进行扫描实验来验证浓度反演方法的有效性，图 5-13 ~ 图 5-16 分别为在两种波长范围扫描情况下不同浓度的光谱图与主峰图。

图 5-13 和图 5-14 中 a1 ~ i1 分别表示浓度为 2.76%、3.97%、4.97%、5.70%、7.11%、8.79%、10.33%、12.09%、13.25% 的光谱图与主峰图；图 5-15 和图 5-16 中 a2 ~ h2 分别表示浓度为 2.76%、3.97%、4.97%、6.30%、

8.79%、10.33%、11.70%、13.25%的光谱图与主峰图。

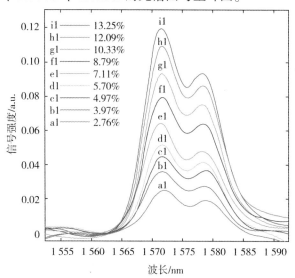

图 5-13　波长 1 552.4～1 592.4 nm 光谱图

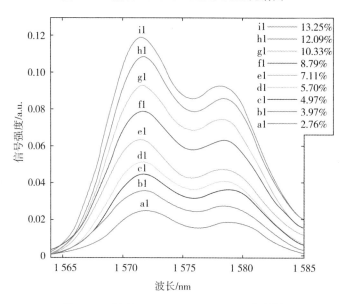

图 5-14　波长 1 552.4～1 592.4 nm 主峰图

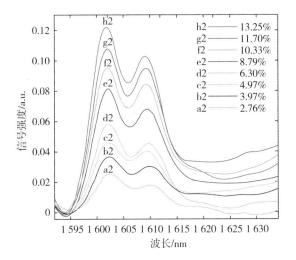

图 5-15 波长 1 592 ~ 1 634 nm 光谱图

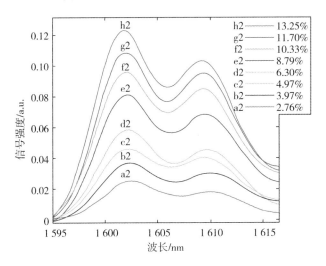

图 5-16 波长 1 592 ~ 1 634 nm 主峰图

1. 直接峰值比例浓度反演

从第 2 章理论介绍中可以知道，气体吸收峰值信号的强度正比于待测气体的浓度，因此，可以根据不同浓度峰值大小来对气体浓度进行反演计算。基本过程是：先选用较高浓度 C_n 测量数据为标准浓度信号，其信号峰值为 V_n，得出待测气体波形峰值为 V_x，这样根据比例关系 $\dfrac{C_n}{V_n} = \dfrac{C_x}{V_x}$，就可以得出待测气体浓度 C_x。本实验选用浓度为 13.25% 的 CO_2 作为标准浓度信号，配比出浓度为 2.76%、3.97%、4.97%、5.70%、6.30%、7.11%、8.79%、10.33%、11.70%、12.09%、

13.25%的 CO_2 气体，计算结果如表5-1、表5-2所示。

表5-1　直接峰值比例浓度反演（波长 1 552.4 ~ 1 592.4 nm）

标准 CO_2 浓度	比例反演浓度	相对误差
2.76%	2.67%	3.26%
3.97%	3.88%	2.27%
4.97%	4.89%	1.61%
5.70%	5.61%	1.58%
7.11%	6.98%	1.83%
8.79%	8.70%	1.02%
10.33%	10.21%	1.16%
12.09%	11.96%	1.08%

表5-2　直接峰值比例浓度反演（波长 1 592 ~ 1 634 nm）

标准 CO_2 浓度	比例反演浓度	相对误差
2.76%	2.69%	2.54%
3.97%	3.91%	1.51%
4.97%	4.90%	1.41%
6.30%	6.38%	1.27%
8.79%	8.87%	0.91%
10.33%	10.24%	0.87%
11.70%	11.80%	0.85%

从表5-1和表5-2可以看出，配比不同浓度的 CO_2 气体，当浓度升高后，相对误差是减小的，经过分析不难发现，随着待测气体浓度的增大，测量信号中有用信号变大，即信噪比度大，噪声作用降低，所以反演结果更趋于真实值。直接峰值比例反演对较高浓度测量较为准确，但当 CO_2 浓度小于3.00%时，相对误差增大较为明显，结果较差。

2. 最小二乘拟合浓度反演

采用峰值比例直接反演只考虑了局部吸收峰值，而没有考虑整个吸收光谱的特征。为体现不同浓度吸收峰光谱之间的关系，降低反演误差，可采用最小二乘法对主吸收峰光谱进行拟合。操作过程：先选一个已知气体浓度波形作为标准信号，然后利用此标准信号用最小二乘法对未知浓度的测量信号进行拟合，反演出待测气体的浓度。实验中同样以浓度13.25%扣除背景波形信号作为标准谱来进行拟合。

最小二乘法拟合反演过程：设标准浓度波形信号为 A_i，测得气体的波形信号 B_i。A_i 和 B_i 表示整个实验所得值，则它们之间满足以下关系：

$$B_i = aA_i + b \tag{5-1}$$

式中，a 为回归系数，与拟合浓度相关；b 代表基线漂移。

式（5-1）中的残余误差 $v_i = B_i - (aA_i + b)$，根据残差平方和最小理论，得

$$\delta = \sum_{i=1}^{m} (B_i - aA_i - b)^2 \tag{5-2}$$

若要让式（5-2）最小，需要对二元一次函数进行偏导运算求极值，即

$$\frac{\partial \delta}{\partial a} = \sum_{i=1}^{m} 2(B_i - aA_i - b)(-A_i) = 0 \tag{5-3}$$

$$\frac{\partial \delta}{\partial b} = \sum_{i=1}^{m} 2(B_i - aA_i - b)(-1) = 0 \tag{5-4}$$

联立式（5-3）、式（5-4），解得

$$a = (m \cdot \sum_{i=1}^{m} A_i B_i - \sum_{i=1}^{m} A_i \cdot \sum_{i=1}^{m} B_i) / m \cdot \sum_{i=1}^{m} (A_i)^2 + (\sum_{i=1}^{m} A_i)^2 \tag{5-5}$$

从式（5-4）中可以得出

$$b = (\sum_{i=1}^{m} B_i - a \sum_{i=1}^{m} A_i) / m \tag{5-6}$$

此时得到的 a 和 b 满足 δ_{min}，若标准浓度为 C'，则反演浓度为

$$C_x = a \cdot C' \tag{5-7}$$

使用这种方法解得的反演浓度结果如表 5-3、表 5-4 所示。

表 5-3　最小二乘法拟合后浓度反演（波长 1 552.4 ~ 1 592.4 nm）

标准 CO_2 浓度	回归系数 a	最小二乘法拟合后反演浓度	相对误差
2.76%	0.205 3	2.72%	1.45%
3.97%	0.295 1	3.91%	1.51%
4.97%	0.369 8	4.90%	1.41%
5.70%	0.424 2	5.62%	1.40%
7.11%	0.530 6	7.03%	1.13%
8.79%	0.658 9	8.73%	0.68%
10.33%	0.772 1	10.23%	0.97%
12.09%	0.903 2	11.97%	0.99%

表 5-4 最小二乘法拟合后浓度反演（波长 1 592～1 634 nm）

标准 CO_2 浓度	回归系数 a	最小二乘法拟合后反演浓度	相对误差
2.76%	0.204 5	2.71%	1.81%
3.97%	0.296 6	3.93%	1.01%
4.97%	0.370 6	4.91%	1.21%
6.30%	0.470 2	6.23%	1.11%
8.79%	0.658 1	8.72%	0.80%
10.33%	0.772 8	10.24%	0.87%
11.70%	0.876 2	11.61%	0.77%

从数据中可以看到，最小二乘法拟合后浓度反演较直接峰值比例浓度反演误差有了大幅度降低，反演结果更接近于真实浓度。

3. 多项式拟合浓度

实验中除了上述浓度反演方法，还对气体浓度和信号强度进行了多项式拟合，根据拟合的数学模型便可反推出待测气体的浓度。本实验中将标准浓度百分比作为横坐标、对应浓度下信号强度作为纵坐标，对实验结果进行了多项式线性拟合。拟合图形如图 5-17、图 5-18 所示，拟合结果如表 5-5、表 5-6 所示。

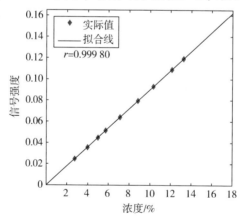

图 5-17 拟合图形（波长 1 552.4～1 592.4 nm）

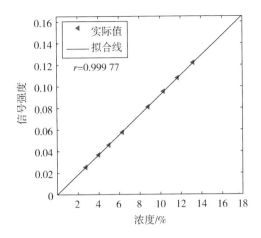

图 5-18　拟合图形（波长 1 592 ~ 1 634 nm）

表 5-5　多项式拟合结果（波长 1 552. 4 ~ 1 592. 4 nm）

标准 CO_2 浓度	线性拟合反演浓度	相对误差
4. 00%	4. 03%	0. 75%
5. 00%	5. 02%	0. 40%
6. 00%	6. 03%	0. 50%
7. 00%	7. 05%	0. 71%
8. 00%	7. 95%	0. 63%
10. 00%	9. 96%	0. 40%
12. 50%	12. 38%	0. 96%
14. 28%	14. 40%	0. 84%

表 5-6　多项式拟合结果（波长 1 592 ~ 1 634 nm）

标准 CO_2 浓度	线性拟合反演浓度	相对误差
4. 00%	3. 97%	0. 75%
5. 00%	4. 99%	0. 20%
6. 00%	6. 06%	1. 00%
8. 00%	8. 08%	1. 00%
10. 00%	10. 06%	0. 60%
12. 50%	12. 42%	0. 64%
14. 28%	14. 36%	0. 56%

图 5-17 拟合系数为 0.999 80，图 5-18 拟合系数为 0.999 77，从拟合结果来看，多项式线性拟合反演浓度较前两种浓度反演方法准确性有了很大的提高，相对误差基本上都保持在 1.00% 以下，可见线性拟合反演浓度不但计算过程较为简单，而且反演结果又更为准确，作为本书采用的浓度反演方法具有较大优势。

综合上面几种浓度反演结果可以得出，无论波长扫描范围是 1 552.4 ~ 1 592.4 nm 还是 1 592 ~ 1 634 nm，多项式线性拟合对于浓度反演相对误差较低，反演结果对于真实浓度有着更为准确的体现，由此我们可以确定，多项式线性拟合在不同扫描波段都具有较好的普适性。

5.2 基于超连续谱激光的变温环境 CO_2 浓度测量实验

5.2.1 实验过程

（1）将吸收池配上加热温控器进行温度实验，加热装置工作时会加热气体腔体、窗口，而保持光路调节装置、固定装置温度不变。

（2）实验在标准大气压 1 atm 下进行，首先向吸收池中通入 N_2（99.9%）将吸收池吹扫干净，之后向池中通入高纯 CO_2（99.9%）。

（3）用温控器对吸收池进行加热，设定起始温度值为 298 K，之后依次将温度升高，步进值为 15 K，直至加热到 373 K。

（4）每次达到设定温度后保持 20 min，确保吸收池内气体受热均匀，加热稳定后进行数据采集工作。

5.2.2 CO_2 吸收光谱测量结果

保持压强不变，研究温度对 CO_2 吸收光谱的影响。通过实验得到了 99.9% CO_2 不同温度（298 ~ 373 K、间隔 15 K）下 1 425 ~ 1 445 nm 处的吸收光谱图，结果如图 5-19 所示。将不同温度下主吸收峰 1 432 nm 处 CO_2 吸收信号强度与温度进行非线性拟合，得到图 5-20 所示的关系图。实验结果表明，温度对吸收光谱的影响较大，随着温度的升高，气体吸收峰信号强度逐渐降低。原因是温度的升高会对气体的谱线强度以及吸收谱的谱线形状产生影响，进而使得 CO_2 的吸收测量值随温度升高而减小，因此，必须对温度的影响进行修正才能保证实际测量的准确性。

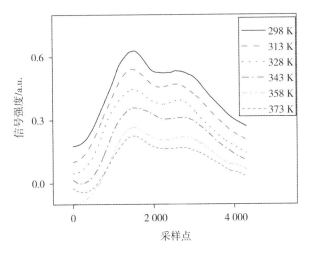

图 5-19　不同温度下 CO_2 吸收信号强度

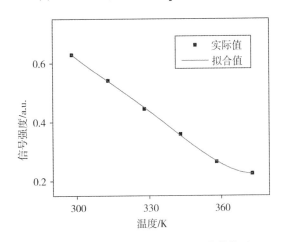

图 5-20　温度与主吸收峰信号强度的关系

5.2.3　温度补偿

本书提出利用最小二乘法得到温度补偿经验公式的方法对浓度测量结果进行修正，通过比较浓度测量的相对误差，最终确定四阶多项式对温度进行补偿，修正后的经验公式如式（5-8）所示。将 298 K 作为开始测量的温度 T_0，升高后的瞬时温度为 T，未经温度修正后的浓度测量结果为 N_0，经过修正的浓度测量结果为 N_{CO_2}。对系统温度补偿后的评价如表 5-7 所示，浓度测量的最大相对误差降低到了 1.4% 以下，有效提高了系统测量精度，为其他气体在温度方面的测量提供了一种温度补偿方法。

$$N_{CO_2} = \frac{A_4 T_0^4 + A_3 T_0^3 + A_2 T_0^2 + A_1 T_0^1 + A_0}{A_4 T^4 + A_3 T^3 + A_2 T^2 + A_1 T^1 + A_0} N_0 \qquad (5-8)$$

表 5-7 实验结果的补偿

温度/K	标准气体浓度/%	修正前浓度/%	修正后浓度/%	相对误差/%
298	99.9	99.9	99.9	0.0
313	99.9	85.9	100.4	0.5
328	99.9	70.6	98.8	1.1
343	99.9	57.0	101.3	1.4
358	99.9	42.1	99.3	0.6
373	99.9	35.7	100.4	0.5

5.3 基于多波段融合模型的 CO_2 浓度测量研究

5.3.1 实验过程

（1）连接实验设备。将光源、滤波器、光阑、光电探测器等设备按照设计的实验装置图进行搭建，并固定在光学实验平台上。

（2）调整光路。浓度实验在室温 298 K、压力为 1 atm 的工况下进行，实验前利用波长为 650 nm 的红色超连续谱激光调整光路，保证激光能够顺利地从吸收池左侧射入、右侧射出，激光在池中上下多次反射产生 21 个光点，计算光程达到 26 m。

（3）确定实验参数。开始向吸收池通入浓度为 99.9% 的 CO_2，选择其中的一个扫描波段进行实验，设置扫描步长、单步延时等参数。

（4）气体的通入。实验过程中首先向吸收池中通入高纯 N_2（99.999%），测得的信号作为背景信号，利用动态稀释校准仪依次向气体吸收池中通入浓度为 5.0%、5.5%、6.5%、7.0%、7.5%、8.0% 的 CO_2 进行实验。

（5）具体过程。通过计算机控制超连续谱激光器以及光学滤波器输出稳定的超连续谱激光，设置激光光束波长依次在 1 425～1 445 nm、1 565～1 585 nm、1 595～1 615 nm 波段进行扫描；光信号经光阑入射至吸收池，在池中反射后到达探测器，由采集卡和计算机完成后续的数据采集工作。

5.3.2 各波段 CO_2 吸收光谱测量结果

温度的变化可导致谱线强度发生较大变化，压强通过改变谱线密度间接影响谱线强度，因此实验过程中保持温度和压强不变，温度为 298 K，压强为 1 atm。分别对 3 个波段的近红外 CO₂ 吸收光谱进行测量，保持其他实验参数一致，选用 1 425 ~ 1 445 nm、1 565 ~ 1 585 nm、1 595 ~ 1 615 nm 3 个波段的超连续谱激光分别对浓度为 5.0%、6.0%、6.5%、7.0%、7.5%、8.0% 的 CO₂ 气体进行测量，经数据处理后得到如图 5-21 ~ 图 5-23 所示的这 3 个波段不同浓度 CO₂ 的吸收光谱图。实验结果表明，3 个测量波段出现明显吸收峰，随着气体浓度的增加，气体吸收峰信号逐渐增强，这与前期的理论研究结果一致。

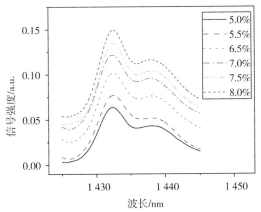

图 5-21　在 298 K 和 1 atm 下 1 425 ~ 1 445 nm 不同浓度 CO₂ 的吸收光谱

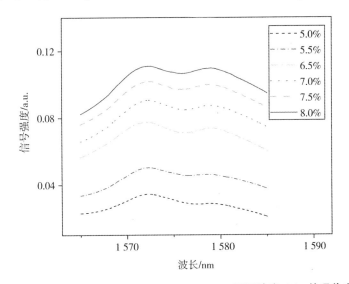

图 5-22　在 298 K 和 1 atm 下 1 565 ~ 1 585 nm 不同浓度 CO₂ 的吸收光谱

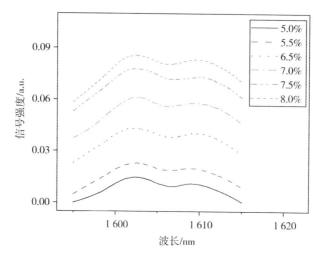

图 5-23　在 298 K 和 1 atm 下 1 595～1 615 nm 不同浓度 CO₂ 的吸收光谱

5.3.3　浓度反演方法的研究

1. 峰值法反演 CO₂ 浓度

本节利用峰值法对 CO₂ 浓度进行反演。由理论可知，气体吸收峰信号的强度正比于气体的浓度，因此，可以根据不同浓度峰值处的信号强度大小来对气体浓度进行反演，选取主吸收峰处的最大信号强度值对气体浓度进行线性拟合反演。在得到的实验结果中，以 1 425～1 445 nm 波段不同浓度 CO₂ 吸收光谱为例对浓度进行反演研究，由图 5-21 可知，在此波段有主、次两个吸收峰，不同波长处的吸收光强值不同，利用 1 432 nm 处的信号强度进行建模。通过峰值法得到不同浓度 CO₂ 与信号强度的线性模型，如图 5-24 所示。

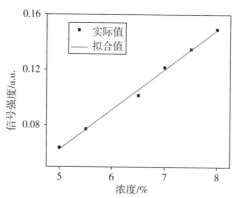

图 5-24　1 425～1 445 nm 波段峰值法得到的线性模型

2. 求和法反演 CO_2 浓度

本节利用求和法对浓度进行反演。峰值法是基于信号强度与浓度的关系，利用吸收峰的极值点进行建模，浓度越大，扣除背景后得到的信号强度值也就越大。本节所用的求和法是将最后得到的全部信号强度值进行叠加求和处理，得到一个总光强值，记为 $\sum OP$，进而增大了有效信号，因此可以通过总光强值与气体浓度建立线性模型对待测气体的浓度进行反演。对 1 425 ~ 1 445 nm 波段不同浓度 CO_2 的吸收光谱信号利用求和法得到的线性拟合模型如图5-25所示。

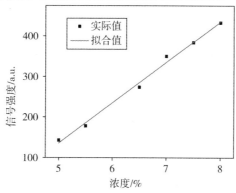

图5-25　1 425 ~ 1 445 nm 波段求和法得到的线性模型

3. 积分法反演 CO_2 浓度

本节利用积分法对浓度进行反演。通过研究与分析，由于受谱线中心的漂移、谱线线型、谱线展宽等影响，气体吸收峰处的强度可能不能表达其真正的强度，因此，本书提出利用 CO_2 吸收谱峰的积分面积对气体浓度进行反演，该方法能够有效消除单波长光强波动以及谱线波长平移等因素造成的影响，避免噪声等其他因素的干扰。在实验结果中 CO_2 吸收光谱图存在主、次两个吸收峰，对主吸收峰处的吸收截面进行积分，在 1 425 ~ 1 445 nm 波段通过积分面积与气体浓度建立的浓度反演模型如图5-26所示。

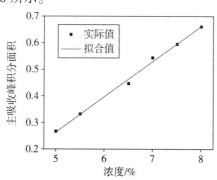

图5-26　1 425 ~ 1 445 nm 波段积分法得到的线性模型

利用线性度 R^2、浓度测量误差对 3 种方法建立的浓度反演模型进行对比分析，结果如表 5-8 所示。3 种方法线性度都能达到 0.99，拟合程度均较好，但从浓度反演相对误差来看，通过积分法求得的误差最小。

表 5-8　3 种方法的对比分析

浓度反演方法	线性度 R^2	最大相对误差
峰值法	0.99	2.31%
求和法	0.99	2.14%
积分法	0.99	2.00%

综上所述，通过积分法得到的 CO_2 浓度测量反演误差较小，因此实验最终选用谱峰积分面积法建立 CO_2 浓度线性反演模型。

5.3.4　各波段测量模型的构建

图 5-26 中 1 425～1 445 nm 波段建立的 CO_2 浓度线性反演模型记为模型 Y_1，其余 1 565～1 585 nm、1 595～1 615 nm 两波段建立的主吸收峰积分面积与浓度的线性模型记为模型 Y_2、模型 Y_3，所建立的模型如图 5-27、图 5-28 所示。

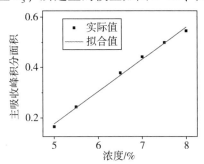

图 5-27　1 565～1 585 nm 波段积分法得到的线性模型

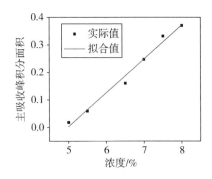

图 5-28　1 595～1 615 nm 波段积分法得到的线性模型

采用实际值与预测值的决定系数 R^2、均方根误差 RMSE 以及相对分析误差 RPD 对 CO_2 浓度反演模型的预测精度进行衡量。R^2 越大，RMSE 越小，说明模型的精度越高。RPD＝SD/RMSE，SD 为样本标准差，当 RPD≥2.0 时，说明该模型适合预测，能力可靠；当 1.4<RPD<2.0 时，认为模型较可靠，可通过其他的建模方法来提高模型预测精度；当 RPD≤1.4 时，则认为该模型并不可靠。3 个模型预测精度的评定如表 5-9 所示。

表 5-9　模型精度评定

波段/nm	模型	R^2	RMSE	SD	RPD
1 430 ~ 1 435	$Y_1 = a_1 X_1 + a_2$	0.994 7	0.011 2	0.153 8	13.73
1 570 ~ 1 575	$Y_2 = b_1 X_2 + b_2$	0.993 7	0.011 8	0.148 4	12.58
1 600 ~ 1 605	$Y_3 = c_1 X_3 + c_2$	0.982 4	0.019 1	0.143 7	7.52

实验结果表明，气体浓度与吸收谱峰积分面积有着良好的正相关性，浓度越大，谱峰的积分面积就越大。3 个浓度测量模型的 RPD 均大于 2，模型稳定性较高，预测能力较强，可用来反演测量大气中 CO_2 浓度。测量模型是气体检测领域应用较为广泛的一类模型，空气中其他气体较强的吸收谱线会对 CO_2 产生干扰，3 个模型对 CO_2 测量时会受到 H_2O、NH_3、H_2S、CH_4 等其他气体的影响，因此，可以在不同环境下选择不同的测量模型对 CO_2 进行测量。基于前期对 CO_2 气体吸收光谱的谱线分析，对 3 个模型各自的测量环境进行如下分析：

模型 Y_1 拟合系数较高，模型的稳定性最高，但模型的测量波段受 H_2O、NH_3、CH_4 影响较大，可在此 3 种气体影响较小的环境下对 CO_2 进行浓度测量；模型 Y_2 测量时受 CO、C_2H_2、NH_3、H_2S 等气体吸收谱线的干扰较大，可在这些气体干扰较小的环境下对 CO_2 进行测量；模型 Y_3 受 CH_4、H_2S 影响较大，相比前两个模型，该模型测量时受其他种类气体的干扰较少，应用领域较为广泛。

5.3.5　多波段加权融合模型的构建

为提高单个模型的预测反演能力，对上节中利用积分法得到的单一波段测量模型 Y_1、Y_2、Y_3 分配权重得到新的多波段加权融合模型，从而提高系统测量精度，这在实际环境监测中是具有重要意义的。本节提出的多波段加权融合模型构建过程如下：

（1）建立单一波段的 CO_2 浓度反演预测模型；

（2）计算出各单一波段模型在融合模型中的最优权重；

（3）将权系数分配到各单个模型中并叠加得到新的加权融合模型。

本书给出了两种权重系数的计算方法，通过对这两种计算方法得到的融合模型进行比较，最终确定了最佳的融合预测模型。多波段加权融合模型的构建过程如图5-29所示。

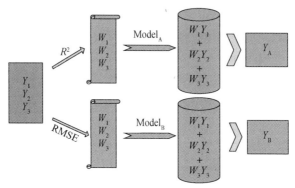

图5-29　多波段加权融合模型的构建过程

通过得到的3个单一模型的拟合系数 R^2 以及均方根误差 RMSE 对3个模型分别进行权重分配，融合得到一个新的浓度测量模型，以此降低预测误差，提高浓度反演精度。3个单一波段模型 Y_1、Y_2、Y_3 通过分配权重系数得到的融合模型记为 Y_A、Y_B。各单一波段模型权重系数的确定是浓度反演最关键的一步。在模型中引入权重系数 W，$W_i \in [0, 1]$，$\sum_{i=1}^{n} W_i = 1$。在权重之和为1的条件下，求得融合模型的加权系数。权重代表了单一模型在整体模型中的相对重要程度。权重越大，说明该单一模型的重要性越高，对整体的影响也就越大。

1. 基于 R^2 确定权重的融合模型 Y_A

拟合系数 R^2 代表了线性模型的拟合程度，R^2 越接近1，说明拟合模型对预测值的拟合程度越好。通过单一波段 CO_2 浓度反演模型的拟合系数 R^2 在3个模型拟合系数之和中所占的比例确定融合模型的权系数。结合表5-9可以得出3个模型的拟合系数之和 e_1，即

$$e_1 = \sum_{i=1}^{3} R_i^2 = 2.970\ 8;$$
$$W_i = R_i^2 / e_1 (i = 1, 2, 3) \tag{5-9}$$

通过数据处理得到的多波段融合模型为

$$Y_A = \sum_{i=1}^{3} Y_i W_i = 0.335 Y_1 + 0.334 Y_2 + 0.331 Y_3 (i = 1, 2, 3)。$$

2. 基于 RMSE 确定权重的融合模型 Y_B

均方根误差 RMSE 常用来衡量预测值与真值的偏离程度。通过3个模型的均方

根误差 RMSE 确定融合模型的权系数。结合表 5-9 可以得出 3 个模型的均方根误差之和 e_2，即

$$e_2 = \sum_{i=1}^{3} \text{RMSE}_i = 0.042\ 1;$$

$$W_i = \frac{e_2 - \text{RMSE}_i}{e_2} \cdot \frac{1}{M-1} (i=1,2,3) \qquad (5-10)$$

式中，M 为模型个数。

通过数据处理得到的多波段融合模型为

$$Y_B = \sum_{i=1}^{3} Y_i W_i = 0.367 Y_1 + 0.360 Y_2 + 0.273 Y_3 (i=1,2,3)。$$

5.3.6　融合模型的预测性能评价

通过数据处理得到各模型浓度反演的最大相对误差如表 5-10 所示。经分析可以发现，采用多波段融合模型能够大幅度降低测量误差，有效提高模型反演能力，进而达到提高浓度测量准确性的目的。利用 R^2 以及 RMSE 得到的融合模型与单一模型相比，浓度反演的相对误差有所减小，通过 RMSE 确定权重得到的模型 Y_B 相比利用 R^2 确定权重得到的模型 Y_A 效果较好，预测误差从单一模型的 3.4% 降低到了 1.2%，有效提升了 3 个单一模型反演结果的测量精度，克服了单一模型预测精度较低的问题，因此，建立的融合模型用于 CO_2 浓度测量是切实可行的。

新构建的加权重融合预测模型避免了单一预测模型偏小或偏大的预测趋势，有效地降低了单一预测模型的系统误差，提高了预测精度，可以准确地对 CO_2 浓度进行预测，具有较强的可靠性和实用性，为类似相关测量提供了借鉴。本节运用的权重系数确定方法简洁清晰，一定程度上可以降低以往变权重系数求解的复杂程度，便于技术人员使用。

与目前报道的 CO_2 浓度测量结果相比，模型 Y_B 得到的浓度测量误差较小。姚顺春等分别利用直接吸收光谱技术和波长调制光谱技术对 CO_2 浓度进行了实验研究，测量得到的最大相对误差分别为 2.64% 和 1.65%。邓等以分布式反馈二极管激光器作为光源，对近红外区域中的 CO_2 柱浓度进行了连续测量，实验分析了 CO_2 柱浓度的标准偏差，平均测量精度为 1.6%。杨杰等利用 Li-7500 分析仪对小型化大气 CO_2 探测系统进行标定和误差分析研究，反演得到的 CO_2 体积比浓度测量相对误差绝对值小于 2.0%。

表 5-10　各模型浓度反演的最大相对误差

波段/nm	单一模型	融合模型 Y_A	融合模型 Y_B
1 425 ~ 1 445	2.0%		
1 565 ~ 1 585	1.8%	2.0%	1.2%
1 595 ~ 1 615	3.4%		

5.4　本章小结

本章首先通过实验分析并确定了基于超连续谱激光气体检测的最优参数；接着阐述了测量数据的初步处理方式，包括横坐标对应波长的转换、插值计算、滤波处理等；然后在处理基础上，采用直接峰值比例浓度反演、最小二乘拟合浓度反演、多项式线性拟合浓度反演三种反演方法对结果进行对比分析，结果显示多项式拟合法在浓度反演上存在较小误差，相对误差保持在 1.00% 以下；为了适应不同温度测量目的，在温度 20 ℃、30 ℃、40 ℃、50 ℃、60 ℃、70 ℃、80 ℃、90 ℃下实验，拟合出温度-摩尔吸收系数数学模型，并在浓度为 11.00%、20.00% 下的 25 ℃、35 ℃、45 ℃、65 ℃、75 ℃进行结果验证。最后，分析了系统噪声及检测限问题，得到了最低检测浓度。

分别利用 TDLAS 技术和 SCLAS 技术对 CO_2 展开了测量研究，采用 TDLAS 技术对不同温度下的 1 432 nm 附近 CO_2 吸收谱线进行了测量，研究分析了温度对吸收谱线的影响，建立了 CO_2 的最优模型，补充和完善了现有数据库。利用 SCLAS 技术实现了 CO_2 浓度的准确测量，实验证明了超连续谱激光用于对 CO_2 气体浓度进行测量的可行性。提出了一种用于超连续谱气体传感系统的温度补偿方法，有效减小了系统在变温环境中的测量误差。

第6章

不确定度评定与系统性能分析

6.1 测量不确定度的评定与分析

随着科学技术的发展，科研对测量结果准确性的要求更加严格。由于在测量与实验结果中存在的误差一定程度上影响着测量与实验结果的可靠程度，因此我们需要明确测量及仪器的各项误差，并且要具体分析误差的性质及产生的来源，以控制误差在合理的范围内。通过对测量不确定度的评定，可以对某个不确定度分量进行改变，进而观察合成标准不确定度或扩展不确定度的变化，为测量系统的改进和准确度的提高提供重要参考。

气体吸收光谱的测量受实际环境中各种因素的影响，必然也会存在一定误差，测量不确定度的评定在测量中是非常必要的。通过对测量不确定度的评定可以对影响测量结果的主要因素进行分析，从而提高测量结果的水平或质量。因此需要对所研究的两套气体检测系统进行不确定度的分析与评定。

6.1.1 TDLAS 系统测量不确定度分析

本节给出了 TDLAS 系统的不确定度评定方法，明确了系统中测量不确定度的来源。通过分析，其来源包括以下 6 个方面：稀释标准气体引入的不确定度、激光控制器引起的不确定度、锁相放大器引入的不确定度、探测器产生的不确定度、数据采集卡引入的不确定度、测量重复性引起的不确定度。

1. 稀释标准气体引入的不确定度

稀释标准气体引入的不确定度主要包括标准气体与零气出厂前由于生产偏差

引入的不确定度和动态稀释校准仪中两个质量流量计引入的不确定度。由于气体允许生产偏差为 0.1%，按照均匀分布计算，两种气体的不确定度分别为 $u_{11} = 0.1/\sqrt{3} = 0.0577$，$u_{12} = 0.1/\sqrt{3} = 0.0577$。动态稀释校准仪的功能主要靠两个质量流量计来实现，流量计 1 最大通过量为 10 L/min，其偏差为 0.4 L/min，计算不确定度 $u_{13} = 0.4/(\sqrt{3} \times 10) = 0.0231$；流量计 2 最大通过量为 1 L/min，偏差为 0.06 L/min，其不确定度 $u_{14} = 0.06/(\sqrt{3} \times 1) = 0.0346$。则稀释标准气体引入的不确定度为 $u_1 = \sqrt{u_{11}^2 + u_{12}^2 + u_{13}^2 + u_{14}^2} = 0.0916$。

2. 激光控制器引起的不确定度

本实验应用激光控制器的 8 个通道，每个通道均有一个电流驱动模块和一个温度驱动模块，可对激光器进行精确的温度和电流控制，因此其不确定度主要来源于这两个模块。经计算，电流控制偏差为 0.2%，按均匀分布计算不确定度 $u_{21} = 0.2/\sqrt{3} = 0.1155$；温度控制偏差为 0.17%，按均匀分布计算不确定度 $u_{22} = 0.17/\sqrt{3} = 0.0981$，温度控制模块控制范围为 -99 ~ 150 ℃，1 h 稳定性 <±0.007℃，其不确定度在此忽略，因此二极管激光控制器引起的不确定度 $u_2 = \sqrt{u_{21}^2 + u_{22}^2} = 0.1515$。

3. 锁相放大器引入的不确定度

实验所用锁相放大器输入信号通道的增益稳定性为 0.2%，取均匀分布 $k = \sqrt{3}$，其不确定度 $u_3 = 0.2/\sqrt{3} = 0.1155$。

4. 探测器产生的不确定度

实验中用到的探测器偏差百分比为 0.35%，取 $k = \sqrt{3}$，其不确定度 $u_4 = 0.35/\sqrt{3} = 0.2021$。

5. 数据采集卡引入的不确定度

数据采集卡主要作用是实现数据的 A/D 转换，所以其转换精度对实验至关重要，USB-4716 的转换偏差为 0.27%，采用均匀分布计算，计算不确定度 $u_5 = 0.27/\sqrt{3} = 0.1559$。以上不确定度如表 6-1 所示。

表 6-1 不确定度来源分析

不确定度来源		k	允许偏差	不确定度
稀释标准气体	出厂前	$\sqrt{3}$	0.1%	0.0577
	流量计 1	$\sqrt{3}$	0.04%	0.0231
	流量计 2	$\sqrt{3}$	0.06%	0.0346

不确定度来源		k	允许偏差	不确定度
激光控制器	电流	$\sqrt{3}$	0.2%	0.115 5
	温度	$\sqrt{3}$	0.17%	0.098 1
锁相放大器		$\sqrt{3}$	0.2%	0.115 5
探测器		$\sqrt{3}$	0.35%	0.202 1
数据采集卡		$\sqrt{3}$	0.27%	0.155 9

6. 测量重复性引起的不确定度

选取浓度为 2% 的 CO_2 气体连续进行 10 次重复实验，得如下结果：

测量次数	1	2	3	4	5	6	7	8	9	10
信号强度	0.228 9	0.283 8	0.257 0	0.232 7	0.244 9	0.264 5	0.278 3	0.216 8	0.240 1	0.221 7

信号强度的平均值 $\bar{x} = 0.246\ 9$，由贝塞尔公式计算单次测量的实验标准差

$S(x_i) = \sqrt{\frac{1}{n-1}\sum_{i=1}^{n}(x_i - x)^2} = 0.023\ 3$，因此由测量重复性导致的标准不确定度

$u_6 = S(x_i)/\sqrt{n} = 0.007\ 4$。

以上不确定度中，前 5 个主要为系统本身具有的不确定度，属于 B 类不确定度，测量重复性引起的不确定度为 A 类不确定度，它们之间彼此独立，则合成标准不确定度 $u_c = \sqrt{u_1^2 + u_2^2 + u_3^2 + u_4^2 + u_5^2 + u_6^2} = 0.331\ 4$。取包含因子 $k=2$，得扩展不确定度 $U = ku_c = 0.662\ 8$。

6.1.2　超连续谱激光气体传感系统不确定度的结果与分析

本节给出了超连续谱激光气体传感系统的不确定度评定方法，明确了系统中测量不确定度的来源。通过分析，其来源包括以下 6 个方面：标准浓度气体稀释产生的不确定度、超连续谱激光器引起的不确定度、LLTF 滤波器扫描时产生的不确定度、光电探测器接收光信号时引起的不确定度、数据采集卡采集数据时导致的不确定度、重复性测量引起的不确定度。

1. 标准浓度气体稀释产生的不确定度

气体稀释产生的不确定度主要来源于两个方面，分别为气体出厂前由于生产偏差导致的不确定度以及动态稀释校准仪中两个质量流量计配比气体时产生的不确定度。查阅实验室所用 CO_2 和 N_2 的标准物质证书，确定气体的允许生产偏差为 0.1%，按照均匀分布计算，则实验中所用两种气体的不确定度分别为 $u_{11} = 0.1/\sqrt{3} = 0.057\ 7$，$u_{12} = 0.1/\sqrt{3} = 0.057\ 7$。动态稀释校准仪配比气体主要靠两

个质量流量计来实现，其流量测量精度为±1.0% FS。其中，流量计 1 最大通过量为 10 L/min，则流量计 1 的引用误差 $Y1 = 10 \times 1\% / 10 = 1\%$，最大允许误差为 $\delta = 1\% \times 10 = 0.1$，根据均匀分布，计算不确定度为 $u_{13} = 0.1/\sqrt{3} = 0.057\,7$。流量计 2 最大通过量为 1 L/min；则流量计 2 的引用误差 $Y_2 = 1 \times 1\% / 1 = 1\%$，最大允许误差为 $\delta = 1\% \times 1 = 0.01$，根据均匀分布，计算不确定度为 $u_{14} = 0.01/\sqrt{3} = 0.005\,8$，四个分量互不相关，采用方和根法进行计算，则标准浓度气体稀释产生的不确定度 $u_1 = \sqrt{u_{11}{}^2 + u_{12}{}^2 + u_{13}{}^2 + u_{14}{}^2} = 0.173\,1$。

2. 超连续谱激光器引起的不确定度

激光器是系统的核心部分，实验系统中激光器的波长和光强的变化直接影响系统测量结果的准确性。本系统中超连续谱激光器的重复精度为±5%，按均匀分布计算，包含因子 k 取 $\sqrt{3}$，则激光器的不确定度为：$u_2 = 0.05/\sqrt{3} = 0.028\,9$。

3. LLTF 滤波器引起的不确定度

系统中光学滤波器的不确定度来源于其波长调谐分辨率。经查阅滤波器分辨率 D 为 0.1 nm，以分辨率作为整个区间宽度 D，以分辨率的一半 $D/2$ 作为半宽区间，按均匀分布计算，则滤波器产生的不确定度为：$u_3 = \dfrac{\dfrac{D}{2}}{\sqrt{3}} = 0.028\,9$。

4. 光电探测器引起的不确定度

探测器进行探测的信号的灵敏度对测量结果带来一定的不确定度，查看仪器相关说明书等资料，得到探测器偏差百分比为 0.35%，同样取 k 取 $\sqrt{3}$，得到的不确定度为 $u_4 = 0.35/\sqrt{3} = 0.202\,1$。

5. 数据采集卡引起的不确定度

数据采集卡主要作用是实现数据的 A/D 转换，其换转精度对实验结果会产生一定影响。数据采集卡的 A/D 转换精度为 0.003%，满量程±1。实验中选择的量程为 $E_r = 30$ V（范围为 $-15 \sim +15$ V）。采样的位数 BD = 16 位。量化误差位 $Q = E_r/2^{BD} = 0.045\,8\%$。

则由数据采集卡 A/D 转换精度导致的最大偏差的变化范围为 $[-a, a]$，因此对 a 进行计算，$a = 0.003\% \times E_r + Q = 0.001\,4$。得到数据采集卡产生的不确定度为 $u_5 = 0.001\,4/\sqrt{3} = 0.000\,8$。

6. 测量结果重复性引起的不确定度

选取浓度为 9% 的 CO_2 连续进行 10 次重复测量，以考察测量重复性。扫描波长为 1 425 ~ 1 445 nm，对主吸收峰信号强度的 10 次测量结果进行计算，得到信号强

度的平均值 $\bar{x}$ 为 0.128 4，由贝塞尔公式计算得到实验的标准差 $S(x_i)$ =

$$\sqrt{\frac{\sum_{i=1}^{n}(x_i - \bar{x})^2}{n-1}} = 0.008\ 5$$，因此由测量重复性导致的标准不确定度为 $u_6 = S(x_i) /$

$\sqrt{n}$ = 0.002 7。

综上所述，系统的测量不确定度包括以上 6 个，前 5 个主要为系统自身具有的不确定度，属于 B 类不确定度，测量重复性引起的不确定度为 A 类不确定度。它们之间彼此独立，则合成不确定度为 $u_c = \sqrt{u_1^2 + u_2^2 + u_3^2 + u_4^2 + u_5^2 + u_6^2} = 0.269\ 1$。

选取 $p = 95\%$，$v = 8$，查表得到包含因子 $k_p = 2.31$，则扩展不确定度为 $u_p = 2.31 \times u_c = 0.621\ 6$。综上所述，可以得出 u_5 数据采集卡引起的不确定度最小，u_4 光电探测器引起的不确定度最大，因此，减小 u_4 可显著减小系统整体的测量不确定度，从而提高系统测量结果的可靠性。

6.2　检测限分析

检测限是体现仪器性能指标和测量方法灵敏度的重要依据之一。不同的检测方法存在不同的检测限，当探测值低于检测限时则采集的数据具备不可靠性。检测限的求解方法有以下 3 种。

（1）通过信噪比确定检测限，在 SNR = 1 时，对应的浓度值即为系统检测限，此时测量信号被噪声信号全部淹没。

（2）通过阿伦方差确定检测限，对阿伦方差最小值开方求得的值作为系统检测限。

（3）通过背景噪声确定检测限，即采用空白值测量结果标准差的三倍作为检测限。以测量 CO_2 为例，空白值测量结果即样品池中无 CO_2 存在时系统的测量结果。

在此，选用第三种方法来确定实验系统检测限，向怀特池中通入 99.99% 的高纯 N_2，每隔 1 min 采集一次吸收光谱，采集 30 min，得到 30 组数据，分别根据 TDLAS-DAS 系统和 SCLAS 系统的浓度求解模型进行浓度反演，检测限表达式为

$$S = 3 \cdot \sqrt{\frac{\sum_{i=1}^{n}(X_i - \bar{X})^2}{n-1}} \tag{6-1}$$

通过计算得出 TDLAS-DAS 系统和 SCLAS 系统的检测限分别为 0.59×10^{-6} 和 1.05×10^{-3}。

6.3 精度分析

精度也称测量精确度，是测量值与实际值的差的绝对值与实际值的比值，精度高说明在测量过程中产生的系统误差和偶然误差均较小。用搭建好的 TDLAS-DAS 和 SCLAS 检测装置分别对 5.0%、6.3%、7.0%、7.9%、9.2% 和 9.8% 的 CO_2 进行测量，为减小测量误差，提高检测精度，两套系统分别采集 30 组数据，进行求和平均，基于 TDLAS-DAS 技术和 SCLAS 技术的浓度求解模型，进行浓度反演，得到表 6-2 的数据，通过计算分析，将最大值作为系统检测精度，得到 TD-LAS-DAS 技术和 SCLAS 技术的精度分别为 1.64% 和 1.35%。

表 6-2 精度数据分析

实际值/%	5.0	6.3	7.0	7.9	9.2	9.8
TDLAS-DAS 测量值/%	4.972	6.288	7.115	7.985	9.327	9.809
SCLAS 测量值/%	4.968	6.385	6.930	7.810	9.299	9.930

6.4 本章小结

本章选取 1 430 nm 附近的 CO_2 吸收谱线作为研究对象，选用中心波长为 1 430 nm 的 DFB 激光器和超连续谱激光作为光源，对 5.0% ~9.8% 的 CO_2 进行检测，通过比较 TDLAS-DAS 技术和 SCLAS 技术的线性相关度、精度及系统的最低检测限等测量指标，得出结论：TDLAS-DAS 技术与 SCLAS 技术相比系统检测限较低、精度较高，研究结果可为相关检测实验提供参考。

下　篇

第 7 章

激光诱导击穿光谱技术的介绍

激光诱导击穿光谱技术是基于等离子体发射光谱对物质进行定性、定量分析的技术。只有学习、理解、掌握了激光诱导等离子体形成过程和辐射机制以及等离子体特征参数，才能灵活地运用 LIBS 技术。

7.1 检测技术与方法

目前国家标准中对土壤中重金属元素进行检测常采用的方法有电感耦合等离子体质谱法、原子荧光光谱法、原子吸收光谱法等，它们均为化学方法。这些化学方法的检测精度高、抗干扰能力强，但是需要常压消解且不能同时检测多种元素。等离子体质谱法虽然分析速度快且能同时检测多种元素，但是价格昂贵且操作烦琐。

激光诱导击穿光谱技术能快速、实时地对样品进行分析，能对多元素成分同时进行分析，具有样品损耗小、无须样品预处理、远程非接触式检测、适用于各种形态的样品等优点。

7.1.1 电感耦合等离子体质谱法（ICPMS）

电感耦合等离子体质谱法（Inductively Coupled Plasma Mass Spectrometry，ICPMS）是 20 世纪 80 年代发展起来的新的仪器分析技术，它将电感耦合等离子体高温电离特性及质谱仪低检测限特性结合起来，形成一种强有力的多元素同时测定、检测限低的痕量元素分析技术。

电感耦合等离子体质谱法在检测时，待测样品由蠕动泵送入雾化器形成气溶胶，被高温等离子体蒸发、分解和电离，并被传输至质谱仪内，通过分析样品某离子的强度和数目计算出目标元素的谱线强度，进而得到目标元素的含量。

2013 年，张鹤鹑等[164] 对土壤中的 Zn、Pb、Cd、Cr、Mn、Cu 元素浓度采用 ICPMS 进行检测，计算得到各元素的 RSD 在 0.09% ~ 0.86% 内。2016 年，Prioteasa 等[165] 对种植区内土壤中的多种元素采用 ICPMS 进行分析，分析结果表明待测元素的含量均符合国家标准。2018 年，胡巍等[166] 利用湿法消解土壤样品并采用 ICPMS 对土壤中的 Cd 进行了分析检测，得到 Cd 的检测限为 0.03 mg/kg。

ICPMS 具有分析元素种类广泛、能够迅速获取同位素信息、检测限低、分析速度快且精密度高等优势，但是存在着测量低质量数的离子时比较困难、对实验室环境及清洁度要求严格，以及测量的成本较高等不足。

7.1.2　原子荧光光谱法（AFS）

原子荧光光谱法（Atomic Fluorescence Spectroscopy，AFS）是 20 世纪 60 年代发展起来的一种新的痕量元素分析方法，是通过测量被测定元素的原子蒸气在辐射能激发下产生的荧光发射强度进行元素定量分析的方法。

原子荧光光谱法在检测时，待测样品内的自由电子被激光光源照射后，激发跃迁到高能态，辐射产生的波长与其荧光波长相同时，称为共振荧光，通过分析共振荧光的强度可得到目标元素的含量。

2018 年，李方明等[167] 利用 AFS 对土壤中的 As 和 Hg 进行了测量，As、Hg 的检测限分别为 0.009 mg/kg 和 0.002 mg/kg，精密度分别为 2.15% ~ 7.23% 和 2.97% ~ 9.31%。2019 年，陈金凤[168] 采用微波消解-氢化物原子荧光光谱法测定土壤中的 As 的含量，As 在 0 ~ 10 μg/L 范围内，测定值均在推荐值范围之内，精密度和准确度达到了国家土壤测定要求。郝聪聪等[169] 利用催化热解-AFS 法对农田土壤中 Hg 的含量进行了分析，并与国标法的测定结果进行了对比，相对误差为 0.9% ~ 12.9%，并且该方法的测试时间可以控制在 5 min 以内，非常适合农田土壤中 Hg 的快速、准确测定。

AFS 在多种元素检测中的灵敏度较高，且检测限较低，但能够检测分析的元素较少，在检测过程中还存在荧光猝灭效应，容易受到实验中散射光的干扰。

7.1.3　原子吸收光谱法（AAS）

原子吸收光谱法（Atomic Absorption Spectroscopy，AAS）是基于气态的基态原子外层电子对紫外光和可见光范围内的相对应原子共振辐射线的吸收强度来测量被测元素含量的分析方法，是一种测量特定气态原子对光辐射的吸收强度的方法。

原子吸收光谱法在检测时，待测样品在原子化器中被分解为气态基态原子，其吸收同种原子发射出来的特征辐射使外层电子由基态跃迁至激发态而产生原子吸收光谱，根据特征谱线强度的减弱程度进行定量分析。

2018 年，张景辉[170] 采用悬浊液进样的实验方式使用 AAS 对土壤中的 Pb 含量进行检测，检测结果均在参考值范围内。何锦强[171] 采用微波消解前处理，应用 AAS 对某蔬菜种植基地土壤中 Zn、Cr、Cu、Pb、Cd 5 种重金属元素含量进行测定，测定结果对照《土壤环境质量标准》，结果均达到标准。2019 年，黎红波[172] 采用四酸将土壤中的沉积物分解完全，减少由基体改进剂带来的其他干扰和污染，并利用石墨炉 AAS 测得国标土壤中的 Ag 和 Cd 两种元素的检测限，结果分别为 0.004 6 µg/g 和 0.019 µg/g，该方法的 RSD 在 2.04% ~ 6.56%，能够满足分析精度的要求。

AAS 的优点是仪器设备相对简单，操作简便，易于掌握，检测限低，且一般不存在元素间光谱重叠的干扰，因此该方法具有较高的选择性。但是它不能够进行多元素的同时分析，实验测量的耗时较长，且对难溶元素的测定较为困难。

7.1.4　X 射线荧光光谱分析法（XRF）

X 射线荧光光谱分析法（X-ray Fluorescence Spectrometer，XRF）是确定物质中微量元素的种类和含量的一种方法，又称 X 射线次级发射光谱分析，利用原级 X 射线光子或其他微观粒子激发待测物质中的原子，使之产生次级特征 X 射线（X 光荧光）从而进行物质成分分析和化学态研究。1948 年，由 H. 费里德曼（H. Friedmann）和 L. S. 伯克斯（L. S. Birks）制成第一台波长色散 X 射线荧光分析仪，至 20 世纪 60 年代本法在分析领域的地位得以确立。

原子受到高能射线激发发射出特征 X 射线，测定其波长即可对其进行定性分析。将目标元素分析谱线的强度与标准样品的同一谱线强度进行对比即可对其进行定量分析，从而得到目标元素的含量。

2014 年，沈亚婷[173] 采用 XRF 研究了中毒死亡的植物内部 Pb 的含量分布情况。2019 年，田衍等[174] 采用 XRF 对土壤中的 13 种重金属进行检测，测量结果与认定值相一致。杨桂兰等[175] 采用便携式 XRF 检测了土壤中 6 种典型的重金属的含量，验证了 XRF 在土壤重金属含量检测中具有较好的准确性。

XRF 的优点是可对待测样品进行无损检测，分析速度快，精密度高，实验重现性好，可分析块状、粉末、液体样品，能够对多元素同时进行测量，操作方法简单。但其检测限不够低，对标样的要求严格，不适于分析含量较低的元素。

7.1.5　激光诱导击穿光谱技术（LIBS）

激光诱导击穿光谱技术（LaserInduced Breakdown Spectroscopy，LIBS）是光谱

分析领域中一种崭新的分析手段。自 1962 年 Brech 最先提出用红宝石微波激射器诱导产生等离子体的光谱化学方法后，LIBS 技术被广泛应用于固体、液体和气体等各个领域。

激光诱导击穿光谱技术是将脉冲激光作用于样品上，激发样品产生等离子体并被收集至光谱仪中。光谱仪对其发射的荧光进行色散，并通过探测器记录下发射光谱的信号，根据特征谱线对目标元素进行定性分析，根据谱线强度进行定量分析，从而测得目标元素的含量。

Yamamoto 等[176] 研制了便携式 LIBS 实验系统，并将其应用在野外环境，对土壤和涂料中的 Pb 进行了分析。2019 年，Ding 等[177] 使用 LIBS 技术结合 IPLS 模型对土壤中的 Cu、Zn、Cr、Ni 4 种元素进行了定量分析，相关系数 R^2 均在 0.9 以上，相对预测误差控制在 5% 以内，可以有效地用于土壤重金属污染分析中。Hibk - Kortenbruck 等[178] 将 LIBS 技术与激光诱导荧光技术相结合对土壤中 Cu、Cr、Ni 的含量进行检测，提高了检测的灵敏度，且 3 种元素的检测限分别为 3.3 mg/kg、2.5 mg/kg 和 6.8 mg/kg。

LIBS 技术具有近似无须对样品进行预处理、能够快速实时检测样品信息等优点，但 LIBS 在对土壤中的目标元素检测时，容易受到土壤中基体效应和实验条件波动对测量结果带来的影响，且 LIBS 分析结果的检测限和精确度有待提高。

7.2　激光诱导击穿光谱技术及发展现状

LIBS 技术是以物理学与光谱学为基础的一种光与物质相互作用的击穿光谱技术。通过光学元件将高功率激光作用在物质表面，经烧蚀、气化诱导样品产生等离子体，通过分析等离子体信号的光谱信息，实现对待测物质的定性、定量分析。由于 LIBS 自身可实现多元素同步检测，具有分析速度快、预处理简单且检测成本低等优点，所以被越来越多地应用于不同的检测领域[179]。

LIBS 技术是在 1962 年国际光谱学论文集中被首次提出的。红宝石激光器的发明促使这项原子发射光谱技术出现。但这项技术中另一重要部分——光谱仪的相关技术有限，导致测量精度不高，因此没有得到快速发展[180]。

1983 年，LIBS 技术首次被命名，随后 LIBS 技术的定义、原理被广泛学习和引用，最后形成了统一的标准。LIBS 技术这一称谓被确定是由于美国国家实验室运用激光与光谱仪成功地探测到了空气中的铍颗粒、氟化物以及在液体溶剂中的铀元素，因此 LIBS 技术得到了大家的认可。1987 年，双脉冲激光器被首次应用于 LIBS 技术中，这次尝试也大大提高了 LIBS 的检测限[181]。之后随着光谱仪和激光器的发展，直到 21 世纪激光器与光谱仪相关领域的技术也得到了发展。激光器的可靠性越来越好，且成本降低，光谱仪的分辨率以及检测精度的提高，使 LIBS 技术得到了有效的发展。学者们开始在传统的技术基础之上对 LIBS 技术进行优化改进，出现了双脉冲、多脉冲 LIBS 技术[182]。同时从激光光源入手，将激光光源由纳秒激光光源升级为飞秒激光光源。但飞秒激光光源的成本较高。

同时将 LIBS 技术与其他光谱技术进行结合，使优势最大化并逐渐成为研究者们探索的一个研究方向。联用技术主要有激光诱导荧光技术[183]、拉曼光谱技术[184]、高效液相色谱技术[185] 等。激光诱导击穿光谱技术凭借其快速、原位、多元素在线检测等优势被广泛应用于环境污染监测、生物医学研究、深海资源探测、文物信息鉴定、冶金勘探等众多领域[186]。

7.3　LIBS 技术在土壤重金属元素检测方面的研究现状

随着 LIBS 技术的逐步发展与完善，LIBS 技术在土壤检测方面的应用也逐渐增加。很多国内外学者采用 LIBS 技术对土壤中重金属元素进行检测研究，并取得了一定的成果。

2002 年，Capitelli[187] 工作小组在对土壤中的重金属进行定性、定量分析时，采用了 LIBS 技术。为了克服基体效应对光谱线的影响，用内标法建立模型，得到最大相对标准偏差 RSD 为 14.18%，与 ICP 检测结果进行对比，发现该方法可以减小基体效应产生的影响。2008 年，李勇等[188] 检测土壤中的 Pb 时，通过分析延迟时间与光谱信号信噪比的关系，确定了最佳的延迟时间，通过外标法建立元素 Pb I 405.78 nm 的定标曲线，确定了其含量，结果显示 Pb 的平均相对误差为 8.33%，最低检测限达到 89 μg/g。2010 年，黄基松等[189] 采用外标法测量土壤中的 Cr I 425.44 nm 和 Sr I 460.7 nm，通过分析激光能量、延迟时间等实验条件与信噪比的关系确定最佳的实验条件，得到最大相对标准偏差 RSD 分别为 9.02%、10.5%，最大相对误差为 8.63%。2011 年，鲁翠萍等[190] 在对 Cr 进行定量分析时选择了受到干扰较小的 Cr I 425.435 nm 谱线作为特征谱线，谱线的相对标准偏差为 2.7%，通过内标法和外标法建立了 Cr 的定标曲线，得出在 Cr 含量较低且能量较低的情况下，光谱强度的自吸收现象不明显，元素浓度与相对光谱强度的线性相关性较好。2015 年，张保华等[191] 对农场土壤基底的 Mn 进行分析时，选取了不受土壤中基体元素干扰的波长为 Mn I 403.1 nm 作为 Mn 的分析线，以内标法进行定量分析，定标曲线的相关系数为 0.98，得到最大相对误差为 4.1%。2015 年，方丽等[192] 采用标准加入法在对未知土壤样品中的 Pb I 405.78 nm 进行定量分析时，通过分析延迟时间与信噪比的关系确定了最佳的延迟时间，得到最大相对标准偏差为 21.6%，最大相对误差为 38.3%。2017 年，胡杨等[193] 运用激光诱导击穿光谱技术得到了美国地质勘探局系列地质标样的等离子发射光谱，使用人工神经网络测定了不同地质标样的铁元素含量，相对误差控制在 5.73% 以内。2018 年，Wu 等[194] 采用标准加入法对土壤中的 Pb 进行定量分析时，选取了无其他元素干扰的 Pb I 405.78 nm 作为分析线，最大相对误差为 29%。LIBS 数据处理方法及优缺点如表 7-1 所示。

表 7-1　LIBS 数据处理方法及优缺点

检测方法	工作小组	优化实验条件标准	元素特征谱线	检测结果	优点	缺点
内标法	2002 年，Gapitell	光谱信号强度	Ni I 300.3 nm	RSD：14.18%	减小实验条件波动、基体效应	被测样品与定标样品的组分相同，使用范围窄
	2011 年，鲁翠萍	光谱信号信噪比	Cr I 425.435 nm	RSD：7.89%，RE：2.7%		
	2015 年，张保华		Mn I 403.1 nm	RSD：5.72%，RE：4.1%		
外标法	2008 年，陆继东	光谱信号信噪比	Pb I 405.78 nm	RE：15.56%	计算原理简单，应用方便、广泛	精度差，易受谱线干扰、基体效应等因素影响
	2010 年，周卫东		Sr I 460.7 nm	RSD：10.5%，RE：8.6%		
	2011 年，鲁翠萍		Cr I 425.435 nm	RSD：7.89%，RE：5.3%		
标准加入法	2015 年，方丽	光谱信号信噪比	Pb I 405.78 nm	RSD：21.6%，RE：38.3%	适用于样品基体成分复杂时	检测精度低
	2018 年，Wu		Pb I 405.78 nm	RE：29%		

7.4　LIBS 技术在土壤重金属元素检测方面存在的问题

LIBS 技术是一种击穿光谱技术，近些年在土壤元素检测方面应用较多，也取得了一定的成果，为土壤相关方面的研究做出了巨大的贡献。但由于土壤基底结构复杂，且所处环境不尽相同，因此 LIBS 技术在土壤环境的检测方面仍存在以下问题。

（1）LIBS 技术中采用的激光为高能量密度的激光，能量较大时会发生自吸收现象同时会存在一定的危险，能量较小时则不能发生光学击穿，合理地选择激光能量是实验的前提。但 LIBS 技术中发生光学击穿所需的能量不便于控制，激光能量阈值有待进一步研究分析。

（2）LIBS 技术中实验条件在很大程度上影响着检测结果的稳定性，且这些参数对等离子体信号有较大影响。目前，LIBS 技术中最佳实验条件的确定标准较为单一，有待进一步完善。

（3）土壤体系结构复杂，土壤元素间存在谱线重叠现象。为了避免谱线重叠的干扰，常选取无元素干扰的谱线作为特征谱线。而对土壤中一些元素来说，诱导出的等离子体的谱线是有限的。当采用有其他元素干扰的谱线作为特征谱线时，其对测量精度会造成影响。因此消除元素间的谱线干扰也是一个急需解决的问题。

（4）土壤重金属元素含量一般较低，相应的谱线强度较弱，这会对 LIBS 测量带来一定的困难。另外，在等离子体产生的初期，连续背景光谱占主导地位，它会淹没目标元素的特征谱线，造成光谱数据的信背比较差。

（5）不同环境土壤内部的组成成分均不相同，土壤中的基体效应会降低目标元素的谱线强度，干扰元素谱线强度与浓度的对应关系，会对 LIBS 土壤重金属元素定量分析的准确性产生影响。

（6）LIBS 常用的定量分析方法依赖于标准样品且建立的定标曲线模型具有一定的适用性和局限性，因此，需要研究更为普适的定量分析方法，以提高 LIBS 定量分析的准确性。

7.5　激光诱导等离子体简介

7.5.1　等离子体定义

等离子体是由光子、自由电子、处于基态的原子或分子、激发态原子或分子以及失去电子的正离子和获得电子的负离子组成的。这些基本粒子形成的原因是：高功率激光将固体物质烧蚀，温度升高，物质开始由固体形态逐渐熔化为液态、气态，当气体温度持续升高时，气体粒子间的热运动逐渐增加，发生剧烈碰撞，原子获得足够的能量开始解离，外层电子在足够的能量下摆脱原子核的束缚，成为自由电子。

等离子体整体呈现一种电中性，这是由于在温度继续升高达到百万开尔文到亿开尔文时，所有气体原子基本全部电离，且摆脱束缚的自由电子数与失去电子而成为带正电离子的电荷数是相等的。因此这种高度电离，由电子、离子、中性离子组成的整体呈电中性的物质称为等离子体。

7.5.2 激光诱导等离子体产生机理

等离子体的产生方式有很多，本文只讨论激光诱导等离子的产生。激光诱导击穿光谱技术是一种基于原子或离子的发射光谱分析技术。利用光学元件将脉冲激光聚焦在样品表面进行烧蚀、气化、电离而形成等离子体。等离子体产生示意如图7-1所示。

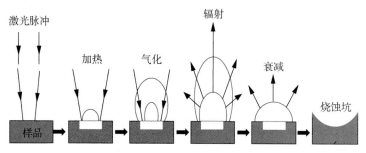

图7-1 等离子体产生示意

（1）激光与样品耦合。脉冲激光作用于待测样品上，待测样品会吸收激光能量，样品被激发的数量多少与激光参数（能量、频率）、待测样品性质以及实验环境（如温度、湿度）等很多因素相关。

（2）熔化、气化和击穿。样品吸收激光能量后表面温度升高，从而发生熔化、气化现象，气化后继续吸收激光能量并喷射物质，在吸收足够的激光能量后，原子间持续相互撞击最终导致雪崩击穿，击穿后便形成了等离子体。

（3）膨胀阶段。当激光停止作用在样品上时，等离子体内外存在的压强差使其向外膨胀。图7-2是等离子体内部结构，等离子体最内层1区域是初期的等离子体区域；中间层2区域为等离子体内部粒子互相撞击的区域；最外层3区域是在粒子之间相互撞击后最终达到局部热平衡的区域。

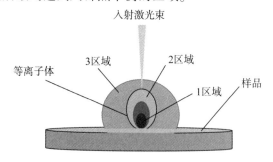

图7-2 等离子体内部结构

（4）辐射阶段。等离子体在经过反复的膨胀过程直到消耗掉吸收的激光光子能量后温度开始下降，此时，原子和离子从高能态向低能态跃迁，在跃迁的过程中会发射出包含元素信息的特征谱线，但在等离子体形成的初期，连续背景光谱占主导地位，会掩盖原子的离散特征谱线，使其难以被发现。图 7-3 是激光诱导产生的等离子体能级分布。

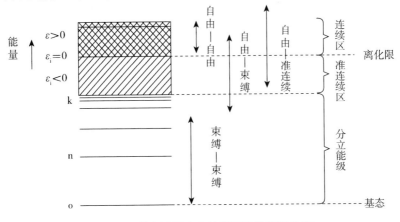

图7-3　激光诱导产生的等离子体能级分布

（5）冷却形成烧蚀坑。在等离子体膨胀后期，温度逐渐降低，最后形成中性原子，等离子体逐渐消失并在待测样品的表面形成烧蚀坑。

7.6　等离子体参数

等离子体的局部热平衡得以建立是因为通过碰撞而离子化的原子数与碰撞后的重组数相等，因此等离子体辐射的能量等于吸收的能量。随着温度升高，辐射变得更加明显。由于等离子体是瞬态等离子体，因此无法达到完全的热平衡，并且在发生光学击穿时，它会在短时间内处于局部热力学平衡（LTE）状态。因此，达到局部热平衡后的颗粒分布用 Saha 方程表示如下：

$$\frac{N_e N^F}{N^{F-1}} = 2 \frac{U^2(T_e)}{U^{F-1}(T_e)} \frac{(2\pi m_e k T_e)^{3/2}}{h^3} \exp\left(-\frac{Q^{F-1} - \Delta Q}{k T_e}\right) \tag{7-1}$$

式中，N_e 为电子密度，T_e 为等离子体温度，N^F 为电离度为 F 的离子密度，Q^F 为电离度为 F 的电子的电离势，ΔQ 为 Q^F 和 Q^{F-1} 的电离势之差，局部热平衡的判断标准 McWhirter 模型的判据如下：

$$N_e \geqslant 1.6 \times 10^{12} T_e^{1/2} Q_{max}^3 \tag{7-2}$$

式中，Q_{max} 为所考虑离子的最大能量差（单位：eV），认为当电子密度与等离子体温度满足式（7-2）的关系时，此时判断等离子体达到了局部热平衡状态。

由 Boltzmann 定律可知，当等离子体达到 LTE 状态时，元素离子总浓度会影响到激发态能级的布居数[195]。原子由能级 k 跃迁到能级 i 时的原子光谱强度可以表示为

$$I_{ki} = \frac{hc}{4\pi\lambda_{ki}}\frac{N(T)}{U(T)}g_k A_{ki}\exp\left(-\frac{E_k}{kT}\right) \tag{7-3}$$

式中,λ_{ki} 为由能级 k 跃迁到能级 i 的特征元素波长,A_{ki} 为由能级 k 向能级 i 跃迁的跃迁概率,g_k 为上能级的简并度,$U(T)$ 为分配函数,N 为自由电子数密度,E_k 为激发态能量,T 为等离子体的温度,k 为玻尔兹曼常数,h 为普朗克常数。跃迁概率、上下能级简并度以及激发态能量可以在美国 NIST 数据库查找获得,公式(7-3)所示元素的光谱强度与电子密度和等离子体温度有关,电子密度和等离子体温度是表征等离子体特性的两个重要参数。

7.6.1 等离子体温度

在激光诱导击穿光谱中,等离子体温度通常只能由玻尔兹曼平面法[196] 和 Saha-Boltzmann 曲线法[197] 计算得出,因为电子温度是很特殊的,寿命短且温度很高,不能直接由仪器测量得出。

1. 玻尔兹曼平面法

采用玻尔兹曼(Boltzmann)平面法计算等离子体温度,通常采用式(7-3)的变化式:

$$\ln\left(\frac{I_{ki}\lambda_{ki}}{g_k A_{ki}}\right) - \ln\left(\frac{hc}{4\pi}\frac{N(T)}{U(T)}\right) = -\frac{E_k}{kT} \tag{7-4}$$

令 $\ln\left(\frac{I_{ki}\lambda_{ki}}{g_k A_{ki}}\right) = y$, $E_k = x$, $-\frac{1}{kT} = m$, $\ln\left(\frac{hc}{4\pi}\frac{N(T)}{U(T)}\right) = b$, 则(7-4)变为

$$y = mx + b \tag{7-5}$$

式中,λ_{ki}、I_{ki} 为实验测量的元素光谱信号的特征谱线,以及对应的光谱强度,对于同一待测样品,在特征谱线相同时电离势是不变的,所以 b 也是常数,则式(7-5)的线性方程,通过拟合相应的 Boltzmann 斜线,计算斜率 $\frac{1}{kT}$ 可以得到等离子体温度 T。

2. Saha-Boltzmann 多线图法

玻尔兹曼平面法对于元素谱线选取要求较高,选取的谱线电离程度相同才能保证电离时为常数。而对于一些元素来说谱线的电离势不能满足这一要求,因此玻尔兹曼平面法的使用存在一定局限性。Saha-Boltzmann 曲线法对元素谱线的要求不高,可以选择待测元素的不同谱线进行玻尔兹曼拟合计算等离子体温度。曲线的方程为

$$\frac{I_1}{I_2} = \frac{A_1 g_1 \lambda_1}{A_2 g_2 \lambda_2}\frac{2(2\pi m_e K)^{3/2}}{h^3}\frac{1}{N_e}T^{3/2}\exp\left(\frac{E_1 E_2 + E_{1p}\Delta E}{kT}\right) \tag{7-6}$$

式(7-6)中,等式左边表示相邻电离级次中的高和低次级对应的光谱强度,E_{1p} 为一次电离能,ΔE 为电离势的修正值,m_e 为电子质量。将式(7-6)取自然对

数得

$$\ln\left(\frac{I_1 g_2 \lambda_1 A_2}{I_2 g_2 \lambda_2 A_1}\right) = \left(\frac{E_1 E_2 + E_{1p}\Delta E}{kT}\right) + \ln\left[\frac{2(2\pi m_e k)^{3/2}}{h^3}\frac{1}{N_e}T^{3/2}\right] \qquad (7-7)$$

7.6.2　等离子体电子密度

等离子体电子密度是衡量等离子体 LTE 状态、离化度高低的重要参量。对等离子体电子密度求解时，通常使用 Stark 展宽法来计算。

Stark 展宽 $\Delta\lambda_{1/2}$ 与电子密度 N_e 的关系式[198] 为

$$\Delta\lambda_{1/2} = 2w\left(\frac{N_e}{10^{16}}\right) + 3.5A\left(\frac{N_e}{10^{16}}\right)^{1/4}(1 - 1.2N_D^{-1/3})w\left(\frac{N_e}{10^{16}}\right) \qquad (7-8)$$

等式右边第一项为电子展宽，w 是与等离子体电子温度有关的电子碰撞系数；第二项为离子展宽修正，离子展宽对谱线的展宽贡献很小，故将其忽略，则式（7-8）可以简化为

$$\Delta\lambda_{1/2} = 2w\left(\frac{N_e}{10^{16}}\right) \qquad (7-9)$$

实验中测得谱线的半高全宽 $\Delta\lambda_{1/2}$，结合电子碰撞参数 w，即可计算出等离子体电子密度。

7.7　谱线展宽机制

在理想的状态下，等离子体发射谱线的形状为没有宽度的无限窄的谱线，而在实际的测量中，等离子体中原子或离子自由的碰撞、自吸收效应等多种物理过程的共同作用[199]，造成实际上采集到的谱线都具有一定的宽度，众多研究者已经证明，Stark 展宽是 LIBS 发射谱线展宽的主要机制，图 7-4 是没有受到自吸收效应影响的谱线轮廓图。

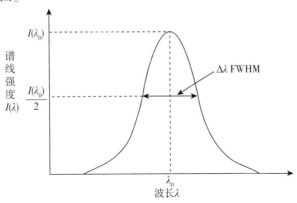

图 7-4　谱线轮廓图

Stark 展宽谱线轮廓呈洛伦兹（Lorenta）线型，其产生的半高全宽为

$$\Delta\lambda_{stark} = 2 \times 10^{-22} \omega N_e [1 + 5.53 \times 10^{-6} N_e^{1/4} \alpha \times (1 - 0.006\,68 N_e^{1/6} T^{-1/2})]$$

$$(7\text{-}10)$$

谱线中心移动为

$$\Delta\lambda_{stark}^{shift} = 10^{-22} \omega N_e \left[\frac{d}{\omega} + 6.32 \times 10^{-6} N_e^{1/4} \alpha \times (1 - 0.006\,68 N_e^{1/6} T^{-1/2}) \right]$$

$$(7\text{-}11)$$

式中，α 是离子增宽参数。

7.8　自吸收效应

原子在激光脉冲聚焦处被激发，辐射出特定频率的光子，辐射谱线在向四周传播的过程中被低温区的基态或低能态原子所吸收，降低了辐射谱线的强度，这就是谱线的自吸收现象[200]。随着目标元素含量的增加，谱线自吸收效应会逐渐增强，导致谱线的峰值开始减小，即产生自蚀现象。当元素含量极高时，谱线发生严重自蚀，分裂为两根独立的谱线。受自吸收影响最强的谱线称为自蚀线。自吸收模型如图 7-5 所示。

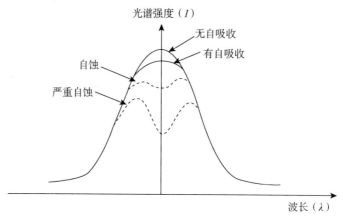

图 7-5　自吸收对谱线轮廓的影响

由于自吸收效应的影响，当目标元素的含量增加时，元素的特征谱线强度会逐渐趋于饱和，当浓度继续增加时，谱线强度不再随之升高，此时，元素的浓度–谱线强度的对应关系就会发生改变，进而影响 LIBS 定量分析的准确性。

7.9　本章小结

　　本章主要介绍了电感耦合等离子体质谱法、原子荧光光谱法、原子吸收光谱法、X 射线荧光光谱分析法、激光诱导击穿光谱技术这 5 种针对土壤重金属常用的检测方法及其发展现状，分析了 LIBS 针对土壤问题检测中存在的问题，为后续的研究工作提供了方向。并对等离子体及等离子体的形成过程进行了详细的分析，介绍了等离子体的两个重要参数——等离子体温度和电子密度，还介绍了谱线信噪比、谱线信背比、谱线展宽机制、自吸收效应。这为 LIBS 技术应用于土壤等离子体的定性、定量分析工作奠定了理论基础。

第 8 章

激光诱导击穿光谱系统的设计

基于 LIBS 技术的等离子体光谱分析系统主要包括三大系统：激光发射系统、光学系统、探测接收系统。

8.1　等离子体激发光源

LIBS 技术的提出和优化得益于激光器的出现与发展。随着激光器功能的优化，LIBS 技术被应用的领域也越来越广泛。目前 LIBS 检测系统中应用较多的为Nd：YAG 固体纳秒激光器。激光器的主要参数有输出波长、脉宽和能量。输出的波长主要有 1 064 nm、二倍频 532 nm、三倍频 355 nm。532 nm 的激光为可见光，相比于 1 064 nm 激光，在 LIBS 检测过程中更为安全可靠。激光器输出的能量直接影响待检测的样品是否发生光学击穿，能量过低时，达不到样品发生光学击穿的阈值，则不能产生等离子体信号；当激光能量过高时，等离子体光谱信号会出现自吸收现象，因此激光器的能量应合理的控制与选择。脉宽对于一些激光器来说是固定的、不可调的。常用的激光器有纳秒脉冲激光器和飞秒脉冲激光器，但飞秒脉冲激光器的价格昂贵。表 8-1 为常用于 LIBS 技术的激光器及其参数。

表 8-1　LIBS 技术中常用激光器及其参数

类型	波长/nm	脉冲宽度/ns	频率/Hz	特点
固体激光器	266、355、532、1 064	6 ~ 15	<20	（1）1 064 nm 的激光经过倍频变为谐振波长 532 nm、355 nm、266 nm； （2）具有高度的方向性、单向性、相干性； （3）功率高； （4）运用调 Q 技术可以得到纳秒级的短脉冲激光
气体激光器	ArF：194 KrF：248 XeCl：308	20	<200	（1）输出波长短，主要在紫外到可见光波段； （2）可以高重复喷率运转； （3）光束质量较固体激光器稳定性差

8.2　LIBS 中的光学系统

　　光学系统是整个 LIBS 系统的核心部分，起着至关重要的作用。光学系统分为聚焦部分和收集部分，该系统具备两种功能：（1）将激光器发出的脉冲激光聚焦在待测样品上，以便等离子体的激发；（2）收集并将激发后产生的等离子体通过光谱仪分光并传输到 PC 端进行分析。聚焦系统包括反射镜、平凸透镜、双凸透镜、二向色镜以及穿孔透镜等。平凸透镜及双凸透镜的作用是将激光器发出的脉冲激光聚焦在待测样品上，或将等离子体信号汇聚到光纤探头上，主要起到聚焦、汇聚的作用；穿孔反射镜和二向色镜的作用是透过激光器发射出特定频率的脉冲激光，反射等离子体辐射，一般在整个光路中起到改变光路的作用，便于等离子体信号的收集。

　　光学系统分为非共轴式光学系统和共轴式光学系统。常用的光学系统结构如图 8-1 中（a）、（b）、（c）、（d）所示。图 8-1（a）、（b）、（c）为非共轴式光学系统，图 8-1（d）为共轴式光学系统。

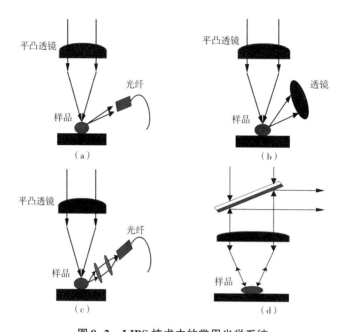

图 8-2　LIBS 技术中的常用光学系统

（a）、（b）、（c）非共轴式光学系统；（d）共轴式光学系统

8.2.1　非共轴式光学系统

非共轴式光学系统常用的是图 8-2 所示的系统（a）、（b）、（c）。非共轴式光学系统中聚焦光路和收集光路二者没有共用的光学器件，相互独立，且聚焦光路和收集光路之间有一定的角度。优点：非共轴式光学结构应用领域较为广泛，结构简单，便于调试。在实现侧位接收时，只需将一束光从光纤的另一端导入，从光纤探头部位导出，并将光圈中心部位对准样品的烧蚀坑，调节探测系统即可。缺点：很难实现自动聚焦，光谱信号不能较多的耦合到光谱仪内。

1. 非共轴式光学系统（a）

系统（a）中脉冲激光通过聚焦透镜聚焦在样品表面，光纤探头在固定的角度上直接将被激发的等离子体辐射耦合进光谱仪中，等离子体信号不能较多的耦合到光谱仪内。但其结构较为简单，减少部分透镜调试过程，相对容易实现实时在线监测。近年来国内外一些学者在实验检测中采用了这种光学系统。Ahamer 等[201]采用非共轴式光学系统（a）分析工业钢铁生产中二次冶金的炉渣，光学结构中的聚焦透镜焦距为 300 mm，光纤探头在离激光点 3 cm 处接收等离子体信号，接受角为 12.7°，焦距为 300 mm 的透镜再加上其他辅助条件的帮助可以减少烧蚀过程中炉渣残留物对透镜的影响。Zhao 等[202] 开发了一种基于 LIBS 技术的三维元素成像系统，可以在现场直接测量活体植物以及土壤中多种元素的分布，该成像系统中的光学系统采用了非共轴式光学系统（a），原因在于该光学系统结构简单，便于调试，适于现场测量。黄基松等[189] 对土壤中的 Cr 和 Sr 元素检测时采用了该光学系统，结构中聚焦透镜焦距为 70 mm 凸透镜，光纤探头与激光束的夹角为 40°，石英光纤探头在距离样品的聚焦点处 3 cm 的位置进行采集。从学者的研究中可以看出这种非共轴式光学系统需要使光纤探头与样品物质的距离较近，这容易对光纤探头造成污染，可以选择一些辅助方法来避免透镜的污染。

2. 非共轴式光学系统（b）

相比于系统（a），系统（b）在光纤探头前面放置一个收集透镜，该透镜的作用是将激发出来的等离子体汇集到光纤探头上。系统（b）增加了等离子体光谱信号的采集率，同样对透镜的透射率和光纤耦合的位置和角度有较高的要求。对非共轴式光学系统（b）国内有较多的学者采用这种结构，在固体样品和液态样品中都有所应用。鲁翠萍等[190] 采用该光学系统对土壤中的重金属 Cr 元素进行定量分析时，选用的聚焦透镜焦距为 100 mm，收集透镜焦距为 50 mm 的石英透镜。陆运章等[203] 在对矿石样品中的 Si 和 Mg 进行定量分析时，采用该光学系统，聚焦透镜焦距为 30 mm 的石英透镜，聚焦后作用于矿石粉末样品表面，产生的等离子体辐射光经焦距为 50 mm 的石英透镜耦合到光谱仪。卢渊等[204] 一些研究者在分析土壤泥浆中的 Pb 元素实验中采用了该光学系统，为了有效避免泥浆飞溅对透镜造成污染，他们选用了焦距为 20 cm 的长焦透镜将激光聚焦于泥浆表面，选用焦距为 6 cm 的收集透镜对等离子体辐射进行汇聚。余洋等[205] 采用了该系统对污泥中 Pb 元素进行 LIBS 测量，选用的聚焦透镜和收集透镜的焦距都为 100 mm。Hidalgo 在比较注射器微滴法和铝基底干燥微滴法的优劣时，采用该光学系统[206]。激光通过焦距为 100 mm 的双凸透镜聚焦在微型样品上并通过 UV 级光学系统收集等离子体辐射光谱。此外还有一些研究人员采用该光学系统对煤粉中碳元素进行定量分析。

透镜的焦距可以根据样品物的形态确定，从学者的研究内容可以看出聚焦透镜的焦距一般在 100 mm 左右，以防止一般飞溅物对透镜造成污染。收集透镜的焦距要比聚焦透镜的焦距小一些，对于飞尘、泥浆等不好控制的样品，透镜的焦距可以增大。缺点：在光纤探头前增设聚焦透镜时，在提高了等离子体的采集率的同时也使探测系统的调节变得更加烦琐，对光纤探头及透镜位置要求更加严格。由于透镜都会存在吸光的现象，采用这种光学结构对透镜的要求较高，增加了实验成本。

3. 非共轴式光学系统（c）

光学系统（c）中，激光诱导产生等离子体信号通过双透镜收集，汇聚到光纤探头再传到光谱仪，这类装置相对光学系统（b）增加了等离子体辐射的采集效率。国内外一些学者也会选择双透镜收集等离子体信号，例如，修俊山等[207] 在对水溶液中 Pb 元素定量分析时采用了这种结构，聚焦透镜焦距为 38.1 mm，等离子体信号由双透镜汇聚到光纤探头。Yuan 等[208] 在运用置换反应和电场的辅助增强水下阳离子的 LIBS 检测时采用了非共轴式光学系统（c），聚焦透镜焦距为 55 mm，产生的等离子体由双透镜进行收集，两个透镜的焦距分别为 33 mm 和 55 mm。对于等离子体信号相对微弱的样品来说，双透镜选择可以增加等离子体信号的采集率，但由于透镜多少都会有吸光的现象，在要求透镜的吸光度的同时，对双透镜及光纤探头位置要求更加严格。这种系统使用相对较少。

8.2.2 共轴式光学系统

共轴式光学结构目前应用的范围比较局限，近些年应用的比较多。共轴式光学系统的聚焦光路和收集光路二者有共用的光学器件（如二向色镜等）。这种共轴式结构一般方便安装、调试和维护，同时聚焦也相对方便一些。美国国家航天局（NASA）的火星探测车"勇气号"搭载了一套 LIBS 远程测量系统用以检测火星表面土壤成分，LIBS 系统内所采用的光路就是使用的共轴式光学系统。该系统的结构特点是脉冲激光透过二向色镜或穿孔反射镜，经聚焦透镜聚焦在样品表面，产生的等离子体信号通过聚焦透镜收集，再经二向色镜反射到光纤探头一端，最后经收集透镜汇集到光纤探头上并耦合进光谱仪。Li 等[209] 采用了共轴式光学系统（d）实现了对蕹菜中 Pb 元素的定量分析。聚焦透镜和收集透镜焦距均为 100 mm。卢伟业等[210] 采用了这种光学系统完成了复合肥样品中的 N、P 和 K 元素含量的 LIBS 分析。李敏等[211] 采用这种光学系统完成了湖水样品中的 Cu 的定量检测。在实验中，为了避免液体飞溅对聚焦透镜造成污染，使用了焦距为 10 cm 的聚焦透镜。Lin 等[212] 采用该光学系统完成了共轴双光束 LIBS 检测土壤中的 Pb 的参数优化。Pareja[213] 采用共轴式光学系统（d）完成了土壤中总元素浓度的 LA-LIBS 测量。此外，一些学者采用该光学系统对脐橙果皮中 Pb 元素含量进行了无损检测。

综上，共轴式光学系统在等离子体信号采集时是比较方便的，实验重复率较高，等离子体的采集率比非共轴式光学系统要高，但由于受二向色镜反射波长范围的影响，共轴式光学系统元素检测范围比非共轴式光学结构要窄。非共轴式光学结构应用范围较广，光路简单，更适用于多种、复杂环境。在等离子体信号较强且样品对透镜污染较小的情况下，非共轴式光学系统（a）为最佳的光学系统，结构简单便于调试，能更好地实现 LIBS 技术的实时在线检测这一目标。

8.3　探测接收装置

光谱仪是 LIBS 实验系统重要组成部分，光谱仪的功能设定直接影响到光谱信号的采集与分析。光谱仪的主要作用就是分光探测。由光纤探测并传输到光谱仪的光信号为复合光。由光谱仪内部的光栅和球面镜将复合光在空间位置上分开，最后由光电转换器将光信号转换为便于分析的电信号。

光谱仪最为重要的功能为延迟采集功能。在 LIBS 检测过程中，当一束脉冲激光作用在土壤样品上时，光谱仪的采集时间决定了能否采集到光谱信号，这要求光谱仪与激光器之间搭配协调；同时由于等离子体辐射前期为连续背景光谱，后期为特征光谱信号，为了保证等离子体信号的质量，也需要合理的控制采集时间，因此对光谱仪的延迟采集功能要求较高。本实验采用的是美国 Ocean Optics 公司的 MAX2500+，它能控制激光器脉冲激光的发射与光谱仪的采集时间，同时还可以实现采集时间的微调，保证采集到的光谱信号为特征光谱信号，波长范围为 200 ~ 980 nm，分辨率为 0.1 nm。

8.4　本章小结

本章主要对 LIBS 实验系统常用的光源、光学系统的分类与应用以及实验所采用的光谱仪进行了归纳分析。

第 9 章

LIBS 光谱实验样品的制备与参数的优化

由于土壤基底结构复杂，因此对土壤中重金属元素定量分析时，选择合适的实验参数是保证实验稳定性的必要条件，实验参数包括透镜到样品距离、工作频率、延迟时间等。本章结合等离子体特征参量，将其作为确定最佳实验条件的标准，进行实验条件的优化，进而实现实验检测稳定性的提高。

9.1 实验过程及样品制备

由于激光作用压片土壤样品击打出的粉尘较少，不会对光纤接受造成影响。因此实验采用了非共轴式光学系统（a）。在此光学系统的基础上，增加了导光臂，可以把激光光束导向不同的位置及方向，便于实验的测量与分析。

实验采用输出波长为 532 nm 的 Nd：YAG（型）脉冲激光器作为激发光源，单脉冲能量为 36 mJ，脉冲宽度为 8 ns，脉冲重复频率为 6 Hz。在实验室大气环境下，激光光束经导光臂改变传播方向，再经焦距为 100 mm 的透镜会聚后作用在样品表面，产生等离子体信号。信号被直接耦合至光纤，并传输至光谱仪（MAX2500+，海洋光学）实现光谱的分光与探测。光谱仪可测量的波长范围为 200 ~ 960 nm，分辨率为 0.1 nm。

图 9-1、图 9-2 分别为 LIBS 实验系统原理、LIBS 检测平台。

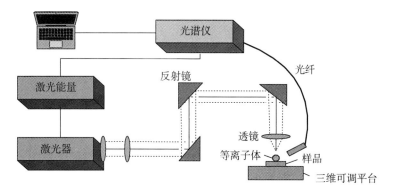

图 9-1　LIBS 实验系统原理

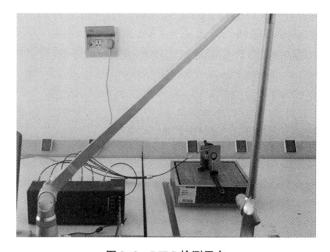

图 9-2　LIBS 检测平台

实验采用的土壤，经过自然风干，筛去除土壤中的杂质，配制所需的土壤样品，然后，将土壤样品充分研磨并加入黏合剂以提高土壤样品的黏合度，称取一定质量的样品经压片机制成所需样品，再将样品进行烘干备用。

9.2　透镜与样品间的距离

LIBS 装置中的众多实验参数对等离子体的收集具有重要的作用，其中 LTSD 对等离子体特性有很大的影响。

在 LIBS 实验过程中，因为实验发生光学击穿应达到一定的功率密度，所以采用聚焦透镜将激光汇聚时，理论上应将聚焦透镜放置在焦平面的位置上，但实际测量过程中光谱信号强度与烧蚀面积的大小有关。当透镜到样品的距离小于焦距时，光斑变大，烧蚀面积变大，被激发的原子数变多，产生的等离子体信号变强；

但激光能量一定时，光斑面越大，能量密度越小，击穿能力越小，光谱强度也随之减小。因此实验需要寻找最佳的 LTSD[214]。

9.3　延迟时间

等离子体形成主要分 3 个阶段：击穿阶段、膨胀阶段、局域阶段。当整个等离子体达到局部平衡状态时，等离子体中的原子或离子满足玻尔兹曼分布。根据等离子体密度可以推断元素的原子或离子的含量[215]。结合延迟时间与信噪比的关系，选取信噪比最大时，此时连续背景光最小，特征谱线强度最大，包含大量特征光谱信息所对应的延迟时间。

因此设置不同的延迟时间，对光谱进行测量。由于连续背景光谱与特征光谱存在一个时间差，在发生光学击穿时，连续光谱的强度会随着延迟时间呈现先增加后逐渐减弱的变化。而特征光谱在连续背景光谱强度开始逐渐减小后随着延迟时间的增加呈现先增加后减小的变化趋势。因此通过控制延迟时间的方法来减小连续背景光谱对原子发射光谱的影响。原子特征谱线的信噪比达到最大值的时间即为最佳延迟时间。

9.4　光纤探头的位置

脉冲激光通过透镜作用于待测样品表面，烧蚀产生的等离子体由光纤探头收集并传输到光谱仪中。光纤探头探测等离子体的位置对于收集土壤等离子体的效果有很大的影响，而等离子的收集情况将会决定 LIBS 光谱信号强度的大小，进而影响 LIBS 定性和定量分析的准确性。在确定了最佳的延迟时间和 LTSD 后，本实验从光纤探头探测等离子体的角度和距离两方面来确定最佳的探测位置。

9.5　压片条件

在 LIBS 实验中，通常需要对土壤样品进行压片预处理，因为压片的时间长短和压力大小等参数对土壤中的物理性质产生影响。因此，实验需要针对土壤样品的制备条件以及实验参数进行优化。

9.6　实验过程及分析

实验一　结合等离子体特性对土壤 Pb、Ni 元素定量分析实验的样品制备及参数优化

1. 实验样品的制备

实验采用输出波长为 532 nm 的 Nd：YAG（型）脉冲激光器作为激发光源，单脉冲能量为 36 mJ，脉冲宽度为 8 ns，脉冲重复频率为 6 Hz。在实验室大气环境下，激光光束经导光臂改变传播方向，再经焦距为 100 mm 的透镜会聚后作用在样品表面产生等离子体信号。信号被直接耦合至光纤，并传输至光谱仪（MAX2500+，海洋光学）实现光谱的分光与探测。光谱仪可测量的波长范围为 200～960 nm，分辨率为 0.1 nm。

实验采用标准土壤（GBW07427）作为基底土壤，Pb、Ni 含量分别为 21.6 μg/g、28.5 μg/g。为了避免元素浓度过高引起自吸收现象，在标准土壤中加入光谱纯试剂 PbO 和 Ni 配置成 Ni 标称含量分别为 0.07%、0.1%、0.25%、0.4%、0.7%、0.9%、1.2% 以及 Pb 标称含量分别为 0.07%、0.1%、0.25%、0.4%、0.7%、0.9%、1.2% 的标准样品。样品中加入适量饱和蔗糖溶液作为黏合剂，混合后用 769YP-15A 型粉末压片机压制成直径为 15 mm、厚度为 5 mm 的圆片状样品，把压制好的土壤样品放入 GZX-9070MBW 型数显鼓风干燥箱中 80 ℃ 下烘干备用。压片土壤样品如图 9-3 所示。

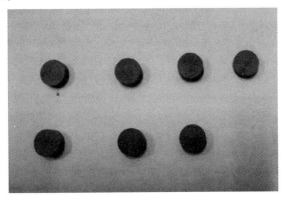

图 9-3　压片土壤样品

2. 实验参数的优化

1）透镜到样品距离对光谱信号及等离子体特性的影响

（1）LTSD 对光谱信号采集的影响。

本实验采用的透镜焦距为 100 mm，透镜在焦平面位置−8 ~ 0 mm 移动。图 9-4 显示光谱信号强度随着透镜到样品的距离的变化（92 ~ 100 mm），呈现一个先增大后减小的变化趋势。土壤中 3 种元素 Pb I 280. 19 nm、Fe I 309. 27 nm、Ni I 373. 68 nm 的光谱信噪比与 LTSD 的曲线如图 9-5 所示，由图所示 Pb、Ni 光谱信噪比最大值在 LTSD 为 96 mm 处，Fe 的光谱信噪比最大值在 LTSD 为 95 mm 处。通过信噪比综合分析，得到最佳的 LTSD 为 96 mm。

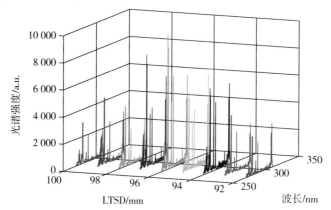

图 9-4　LTSD 对光谱信号强度的影响

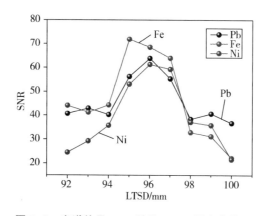

图 9-5　光谱信号 SNR 随着 LTSD 的变化关系

（2）LTSD 对等离子体特性的影响。

等离子体温度和电子密度是等离子体中两个重要的参数，知道这两个参数有助于理解等离子体的变化过程。接下来计算等离子体温度和电子密度随着聚焦透镜到样品表面距离的变化关系。在局域热平衡近似下，等离子体温度能通过 Boltzmann[216] 图获得，方程如下：

$$\ln\left(\frac{\lambda I_{ki}}{g_k A_{ki}}\right) = \frac{-E_k}{k_B T} + C \tag{9-1}$$

式中，I_{ki} 为光谱的强度，λ 为谱线的中心波长，g_k 为谱线上能级的简并，A_{ki} 为跃迁概率，E_k 为谱线上能级能量，k_B 为玻尔兹曼常数，T 为等离子体温度，C 是常数。利用式（9-1）左边 $\ln(I_{ki}/g_k A_{ki})$ 和谱线上能级能量 E_k 进行线性拟合，获得直线的斜率 $-1/k_B T$，从而求得等离子体温度 T。实验中选取用于计算等离子体温度的谱线分别为 Fe I 404.581 nm、Fe I 406.359 nm、Fe I 430.790 nm、Fe I 432.576 nm、Fe I 438.354 nm。这些谱线的物理参数如表 9-1 所示，参数信息来源于 NIST。

表 9-1　用于计算电子温度的谱线参数

λ/nm	E_k/eV	$A \cdot g/10^8 s^{-1}$
404.581	4.55	7.76
406.359	4.61	4.66
430.790	4.43	3.04
432.576	4.47	3.61
438.354	4.31	5.50

图 9-6 为典型的 Boltzmann 图，聚焦透镜到样品表面的距离不同时，Boltzmann 图的斜率和截距都不同，斜率对应 $-1/k_B T$，截距对应 C。因此，仅仅根据斜率就可以计算出等离子体温度。

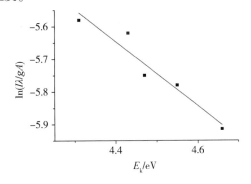

图 9-6　Fe 谱线对应的 Boltzmann 斜线

图 9-7 显示等离子体温度和电子密度随着聚焦透镜到样品表面距离的变化，整体呈现一个先增加后减小的趋势，并且等离子体温度和电子密度都在 96 mm 时有最大值。

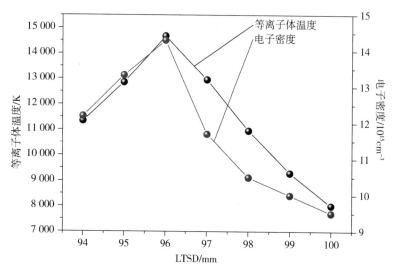

图 9-7　等离子体温度和电子密度随 LTSD 变化

当透镜到样品表面距离从 100 mm 减小到 96 mm 时，等离子体温度从 8 013 K 上升到 14 674 K，电子密度从 $9.5×10^{15}$ cm^{-3} 增加到 $14.3×10^{15}$ cm^{-3}。当透镜到样品的距离为焦距时光斑面积最小，激光能量密度最大。随着透镜到样品的距离逐渐减小，光斑面积逐渐增加，样品中被剥离和激发的原子数逐渐增多，电子密度增大，等离子体温度也逐渐增大。随着光斑面积的增加，能量密度逐渐减小，当光斑面积增加到一定值之后，能量密度烧蚀能力逐渐减小，样品中被激发的等离子体逐渐减少，所以等离子体温度和电子密度也随之减小。因此，当透镜到样品的距离从 96 mm 减小到 94 mm 时，等离子体温度也由 14 674 K 减小到 11 347 K，等离子体密度由 $14.3×10^{15}$ cm^{-3} 减小到 $12.2×10^{15}$ cm^{-3}。

等离子体的电子密度通过谱线的半高宽 $\Delta\lambda_{1/2}$ 来计算，公式如下：

$$\Delta\lambda_{1/2} = 2\omega\frac{N_e}{10^{16}} \qquad (9-2)$$

式中，ω 为电子碰撞参数，N_e 为电子密度。当等离子体温度为 10^4 K 时，$\omega=0.176$。

式（9-3）为满足局部热力学平衡（LTE）的条件，其要求等离子体电子密度 N_e 满足 McWhirter[52] 标准：

$$N_e \geq 1.6 × 10^{12}\Delta E^3 T_e^{1/2} \qquad (9-3)$$

式中，N_e 为电子密度，单位 cm^{-3}；T_e 为等离子体温度，单位 K；ΔE 是上下等级差，单位为 eV。在计算电子密度时，最大 $\Delta E = 3.1$ eV。如图 9-7 所示，实验中计算的最高等离子体温度 $T_e=1.6×10^4$ K。由式（9-3）计算出的电子密度为 $5.7×10^{15}$ cm^{-3}，低于由斯塔克展宽法计算出的最小电子密度 $9.5×10^{15}$ cm^{-3}。因此，局部热平衡的（LTE）假设是成立的。

综上分析，由于 LTSD 距离在 96 mm 时，等离子体温度、电子密度以及信噪比（SNR）均达到一个最大值，且达到局部热平衡，所以最佳 LTSD 为 96 mm。

2）延迟时间对光谱信号及等离子体特征参数的影响

（1）延迟时间对光谱信号采集的影响。

设置不同的延迟时间，对 Pb I 280.19 nm、Fe I 309.27 nm、Ni I 373.68 nm 光谱进行测量。图 9-8 是 Pb I 280.19 nm、Fe I 309.27 nm、Ni I 373.68 nm 的谱线强度随延迟时间的变化趋势，在 0~3 μs 延迟时间内，光谱强度随着延迟时间的增加而逐渐减小。图 9-9 为 3 种元素 Pb I 280.19 nm、Fe I 309.27 nm、Ni I 373.68 nm 信噪比随延迟时间的变化趋势，Pb I 280.19 nm 和 Ni I 373.68 nm 的光谱信噪比在延迟时间为 0~3.0 μs 上呈现先增大后减小的变化趋势，延迟时间 t_d = 1.2 μs 时，两种元素的光谱信噪比达到最大值；Fe I 309.27 nm 信噪比在 0~3.0 μs 内逐渐增大，在 3.0 μs 时达到最大值。由于 Pb 和 Ni 在 1.2 μs 时都有最大的信噪比，所以延迟时间设置为 1.2 μs 最合适。

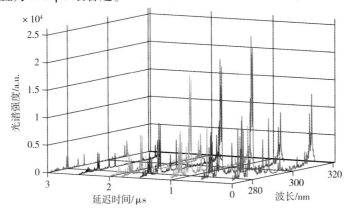

图 9-8　延迟时间对光谱信号强度的影响

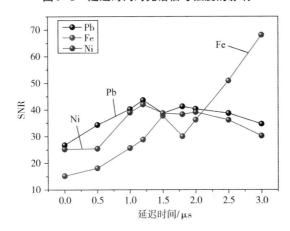

图 9-9　光谱信号 SNR 随着延迟时间的变化关系

（2）延迟时间对等离子体特性的影响。

结合延迟时间与信噪比的关系，信噪比最大、延迟时间为 1.2 μs 时达到连续背景光最小，特征谱线强度最大，包含大量特征光谱信息。如图 9-10 所示等离子体温度、电子密度在 0~3.0 μs 内随着延迟时间的增加，呈现先增加后减小的变化趋势。在 1.2 μs 时电子密度和等离子体温度均有最大值。

如图 9-10 所示实验中计算的最高等离子体温度 $T_e = 1.89 \times 10^4$ K。由式（9-3）计算出的电子密度为 6.56×10^{15} cm^{-3}，低于由斯塔克展宽法计算出的最小电子密度 10×10^{15} cm^{-3}。因此，局部热平衡的（LTE）假设是成立的，且在 1.2 μs 时满足局部热平衡条件，所以最佳延迟时间可以确定为 1.2 μs。

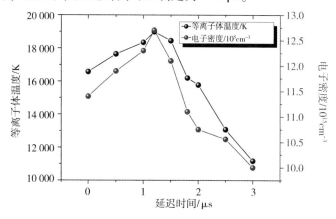

图 9-10　等离子体温度和电子密度随延迟时间变化

实验二　基于背景扣除法消除土壤基底中 Al 元素干扰的定量分析实验的样品制备及参数优化

1. 实验样品的制备

实验中所采用的激光器与光谱仪和本章实验一所采用的激光器与光谱仪相同。

实验采用标准土壤（GBW07427）作为基底土壤，Ni 含量为 28.5 μg/g。为了避免元素浓度过高引起自吸收现象，在标准土壤中加入光谱纯试剂 Ni 配置成 Ni 标称含量分别为 0.02%、0.05%、0.2%、0.35%、0.65%、0.85%、1.15% 的标准系列，并将每种浓度的土壤样品各分为两等份。一类样品中加入适量饱和蔗糖溶液作为黏合剂，混合后用 769YP-15A 型粉末压片机压制成直径为 15 mm、厚度为 5 mm 的圆片状样品。同时将配置好的样品和压制好的土壤样品放入 GZX-9070MBW 型数显鼓风干燥箱中 80 ℃下烘干备用。另外一类土壤样品加水制成泥浆，均匀地涂在铝板（99.9%）上，自然风干。纯铝基底、压片土壤样品如图 9-11 所示。

图 9-11　纯铝基底、压片土壤样品

2. 实验参数的优化

1）延迟时间对光谱信号的影响

设置不同的延迟时间，对 Ni I 373.68 nm 进行测量。在激光能量 32 mJ 时，每个延迟时间下，测量了 5 组实验数据，并且每组实验数据是由 10 次激光脉冲累加而成。图 9-12 为两种土壤样品中元素 Ni I 373.68 nm 光谱信号信噪比随延迟时间的变化关系。两种土壤样品中 Ni I 373.68 nm 信噪比在 $0 \sim 1.5$ μs 上呈现先增加后减小的变化趋势，当延迟时间 $t_d = 1$ μs 时，Ni I 373.68 nm 的信噪比最大。所以延迟时间设置为 1.2 μs 最合适。

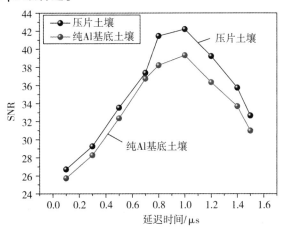

图 9-12　两种土壤样品中 Ni 元素光谱信号信噪比随延时时间的变化关系

2）LTSD 对光谱信号的影响

本实验采用的透镜焦距为 100 mm，透镜在透镜到样品的距离为 $92 \sim 100$ nm 移动。两种土壤样品中 Ni I 373.68 nm 的信噪比与 LTSD 的关系曲线图如图 9-13 所示。由图 9-13 知压片土壤样品中 Ni 信噪比最大值在 LTSD 为 96 mm 处，纯铝基底土壤样品中 Ni 的信噪比最大值在 LTSD 为 97 mm 处。由于两种土壤样品松软程度不同，因此两种不同土壤样品最佳 LTSD 不同。

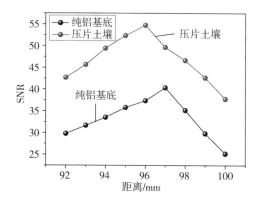

图 9-13　两种土壤样品中 Ni 元素光谱信号信噪比随 LTSD 的变化关系

实验三　土壤重金属激光诱导击穿光谱实验分析的样品制备及参数优化

1. 实验样品的制备

实验中所采用的激光器和光谱仪与本章实验一所采用的激光器与光谱仪相同。

本实验中所用的土壤为实地采集的河北省保定市河北大学校园内的自然土壤。首先将土壤置于 120° 的电热干燥箱中进行 1 h 烘干，去除样品中的水分。选用 200 目过目筛去除土壤中的杂质，并与 $Cu(NO_3)_2 \cdot 3H_2O$ 和 Cr_2O_3 分析纯试剂按比例研磨充分后，再加入饱和的蔗糖溶液用以提高土壤样品的黏合度。利用电子天平称取 3 g 土壤，使用压片机将土壤粉末压制成直径约为 3 cm 的圆柱体块。自制土壤样品 Cu 和 Cr 元素的配置含量如表 9-2 所示，自制土壤样品元素浓度如图 9-14 所示。

表 9-2　自制土壤样品元素浓度（%）

样品序号	1	2	3	4	5	6	7
Cu 元素浓度	0.08	0.11	0.25	0.42	0.70	0.90	1.18
Cr 元素浓度	0.05	0.06	0.09	0.12	0.14	0.16	0.20

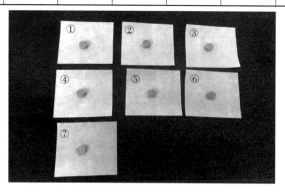

图 9-14　自制的土壤样品

2. 谱线的选取

由 LIBS 实验系统探测得到了光谱数据。实验中采用的 MX2500+光栅光谱仪可实现多次激光脉冲作用结果的平均，在相同实验条件下进行了 5 次测量，每幅光谱由激光器击打 10 次得到，采集 10 幅光谱取平均值以降低实验条件波动带来的影响，提高土壤 LIBS 光谱信号的稳定性。实验采集到的河北大学校园内的土壤 LIBS 谱线比较丰富，包含了多种元素的原子谱线以及离子谱线，6 个典型的波长区间光谱如图 9-15 所示。

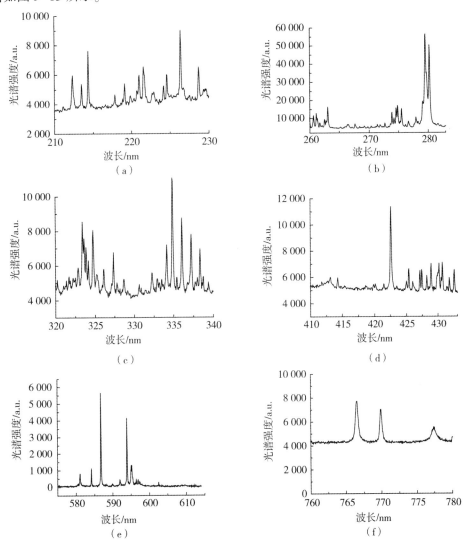

图 9-15　典型波长区间土壤等离子体光谱

土壤内的元素种类十分丰富，土壤 LIBS 的发射光谱包含了大量的原子、离子发射谱线。从图 9-15 中可观察到许多发射谱线的间隔很小，不易分辨，一些谱线甚至发生了重叠和自吸收现象。因此在选择特征谱线作为分析线时需要选择无明显自吸收、无重叠、谱线宽度窄且信背比高的特征谱线。

结合 NIST 数据库中的谱线参数，实验对土壤样品中掺杂 Cu 和 Cr 元素的常用谱线 Cu I 324.75 nm、327.39 nm 和 Cr I 425.44 nm、427.48 nm 的谱线情况进行了对比分析。图 9-16（a）、（b）为 LIBS 检测土壤样品的谱线情况。由图 9-16（a）可知，待测样品 Cu 元素的含量为 0.11%，谱线背景强度在 4 100 左右，Cu I 324.75 nm 和 Cu I 327.39 nm 的谱线强度分别为 7 532 和 5 776；由图 9-16（b）可知待测样品 Cr 元素的含量为 0.06%，谱线背景强度在 4 950 左右，Cr I 425.44 nm 和 427.48 nm 的谱线强度分别为 9 936 和 6 084。

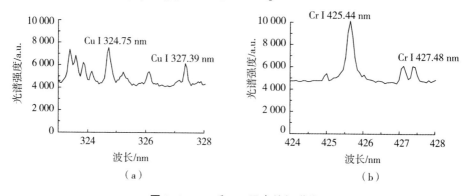

图 9-16　Cu 和 Cr 元素特征谱线

（a）Cu；（b）Cr

图 9-17（a）、（b）为 Cu I 324.754 nm、Cu I 327.396 nm、Cr I 425.435 nm、Cr I 427.481 nm 信背比随元素含量的变化情况。

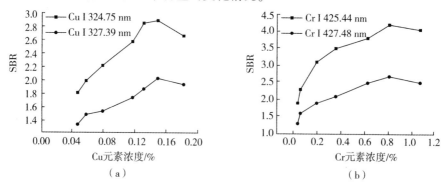

图 9-17　Cu 和 Cr 元素谱线信背比随元素变化情况

（a）Cu；（b）Cr

由图 9-17 可知，Cr I 425.44 nm 分析线的信背比始终高于 Cr I 427.48 nm，Cr 谱线的信背比随着浓度升高快速增大，并在浓度为 0.9% 时开始下降。Cu I 324.75 nm 分析线的信背比始终高于 Cu I 327.39 nm，Cu 谱线的信背比随着浓度升高快速增大，而在 0.16% 时开始下降。

多条谱线的情况如表 9-3 所示，Cr 元素的跃迁概率小于 Cu，而 Cr 元素的信背比要高于 Cu，证明谱线的信背比与其跃迁概率无关。而角动量高的 Cu I 324.75 nm（1/2-3/2）和 Cr I 425.44 nm（3-4）的信背比要高于 Cu I 327.39 nm（1/2-1/2）和 Cr I 427.48 nm（3-3），并对元素含量的变化更敏感。同时，Cu I 324.75 nm 和 Cu I 327.39 nm、Cr I 425.44 nm 和 Cr I 427.48 nm 的跃迁能级原子组态相同，说明跃迁能级原子组态相同的谱线的激发状况及信背比变化趋势相似。因此，本实验选取 Cu I 324.75 nm 及 Cr I 425.44 nm 特征谱线作为 Cu 和 Cr 元素的分析线。

表 9-3　Cu 和 Cr 选用谱线情况

波长	A_{ij}	g_i
Cu I 324.75 nm	13.95×10^7	7
Cu I 327.39 nm	13.76×10^8	3
Cr I 425.44 nm	3.15×10^7	9
Cr I 427.48 nm	3.07×10^7	7

3. 实验参数的优化

1）延迟时间

图 9-18 是 Cu 和 Cr 元素信背比随延迟时间的演化特性情况。

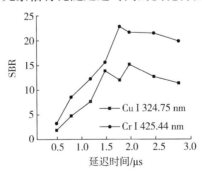

图 9-18　延迟时间对 Cu 和 Cr 元素信背比的影响

从图 9-18 可以看出，当 Cu 和 Cr 元素在 0.5～3.0 μs 时，信背比随着延迟时间的增加均呈现先增大后减小的趋势，其信背比分别在 2.0 μs 和 1.8 μs 时达到最大值。其原因之一是随着延迟时间的推移，连续背景谱线强度快速降低，元素的特征谱线逐渐显露出来，谱线的信背比也变得较高，当延迟时间继续增大时，特征光谱信号逐渐减小致使信背比减小。因此，Cu 元素和 Cr 元素的最佳延迟时间分别选在 2.0 μs 和 1.8 μs 时。

2）透镜与样品间的距离

为了进一步确定 Cu 和 Cr 元素的最佳检测条件，计算了不同 LTSD 条件下的 Cu I 和 Cr I 的等离子体电子温度。表 9-4 是计算 Cr 和 Cu 元素等离子体电子温度的特征谱线参数。Boltzmann 常数 k_B 为 8.617 332 4×10^{-5} eV·K^{-1}。

表9-4　Cr 和 Cu 元素特征谱线参数

	波长/nm	A_{ij}（10^7）	E_k/eV	g_i
	357.86	14.83	3.46	9
	359.43	14.95	3.50	7
Cr I	360.53	16.14	3.44	5
	425.43	3.42	2.91	9
	427.48	3.06	2.90	7
	324.75	13.90	3.82	4
	327.39	13.81	3.79	2
Cu I	427.51	16.14	7.74	4
	453.97	16.05	7.88	4
	458.71	21.03	7.80	6

图 9-19、9-20 分别是 Cu 和 Cr 元素等离子体电子温度和特征谱线光谱强度在不同 LTSD 条件下的变化情况。其中，两元素的特征谱线光谱强度是对比使用了谱线峰面积和直接光谱强度下的 RSD，发现谱线峰面积的 RSD 为 5.9%，要优于直接光谱强度（RSD=10%），表明使用谱线峰面积计算得到的光谱强度能够降低实验条件波动对 LIBS 信号强度稳定性的影响，有效增加 LIBS 光谱数据的稳定性和可靠性，所以，采用谱线峰面积作为元素的特征光谱强度。

由图 9-19、图 9-20 可知，Cu 和 Cr 元素在 LTSD 90～102 mm 上变化时，其等离子体电子温度和光谱强度均呈现先增大后减小的趋势，并分别在 96 mm 和 98 mm 处达到最大值。其原因是当透镜到样品间的距离较短时，通过透镜汇聚到样品表面的激光的光斑面积较大，以至于作用在样品表面的激光能量密度较低，当样品越来越接近透镜的焦点时，其对激光的汇聚作用逐渐增强，光斑面积减小，激光能量密度逐渐增加，对样品的烧蚀效率和电离效率逐渐增强。此外，等离子体的屏蔽效应也在缓慢的加强，使得样品上方形成的等离子体吸收激光能量增加。两元

素的光谱强度与其等离子体电子温度的变化趋势相符。因此，Cu 和 Cr 元素的最佳
LTSD 分别选在 96 mm 和 98 mm 处。

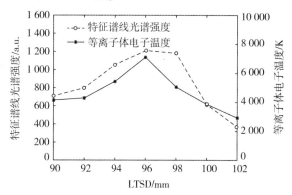

图 9-19　LTSD 对 Cu I 等离子体电子温度和光谱强度的影响

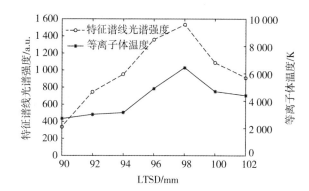

图 9-20　LTSD 对 Cr I 等离子体电子温度和光谱强度的影响

3）光纤探头的位置

（1）探测角度。

设定脉冲激光作用在样品方向与光纤探头收集等离子体方向的夹角为探测角
度，图 9-21 为 Cu 和 Cr 元素的谱线强度随光纤探头探测角度变化的曲线。由图
9-21 可知，当探测角度在 0°～30°之间时，Cu 和 Cr 元素的谱线强度一直增加，
然后，随着探测角度的增加，谱线强度逐渐降低，并在 90°时达到最低。因此，
为了获得较高的谱线强度值，应该选择将探测角度设定在 0°～30°之间，而在接
近于 0°探测时谱线强度对熔坑不敏感，因此，设定 25°为光纤探头收集等离子体
的探测角度。

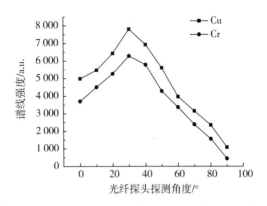

图 9-21　光纤探头探测角度对 LIBS 谱线信号强度的影响

（2）探测距离。

设定光纤探头与待测样品表面之间的垂直距离作为探测距离，并记作 h。图 9-22 为谱线强度随 h 变化的曲线。由图 9-22 可知，当 h 较小时，LIBS 信号强度较高，但此时的连续背景辐射强度占主导地位，特征谱线被连续背景光谱所覆盖，不利于 LIBS 检测分析。随着探测距离的增加，连续背景光谱迅速衰减，特征谱线开始变得清晰，并且在探测距离 $h=1.5$ cm 处，原子谱线的特征谱线占据了主导地位，Cu I 324.75 nm 和 Cr I 425.44 nm 处的原子谱线信噪比达到最大值，此外，光纤探头探测距离过小时，高温等离子体会对光纤探头造成一定的损伤，并影响等离子体的收集质量，由此可见，将光纤探头的探测距离设定在 1.5 cm 处可以获得较理想的 LIBS 谱线信号。

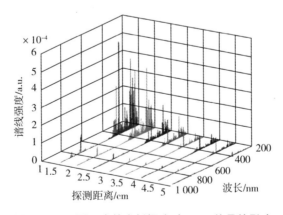

图 9-22　不同距离的光纤探头对 LIBS 信号的影响

实验四　压片条件对实验的影响

实验中所采用的激光器和光谱仪与本章实验一所采用的激光器和光谱仪相同，被测土壤样品与本章实验三所测土壤样品相同。

实验中使用的769YP-15A型粉末压片机由天津科器高新技术公司生产，压力范围为0~25 MPa，压力稳定性≤1 MPa/5 min，所使用的模具为直径30 mm的MJY系列圆环型模具。在压片的时间为1~10 min、压力为1~10 MPa的条件下，研究压力和时间参数对土壤中Cd元素谱线强度的影响。脉冲激光能量为65 mJ、频率为5 Hz、脉宽为10 ns；光纤探头的探测距离为1.5 cm，探测角度为25°；光谱仪的探测信号与脉冲激光的延迟时间为1.3 μs，透镜与样品间的距离为97 mm。为评估测量的相对标准偏差，每个样品重复测量10次，测量结果如图9-23所示，图9-23给出了归一化处理后的Cd I 228.8 nm谱线强度与压片时间、压力参数的关系。

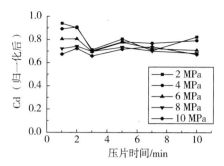

图9-23 归一化处理后的Cd元素谱线强度与压片时间、压力参数的关系

由图9-23可知，压片时，Cd谱线强度受到压片压力和压片时间的影响。时间短的时候，谱线强度较强，在压片时间大于3 min之后，谱线强度变化趋于稳定。随着压片压力的增加，谱线强度在逐渐较小。此外，本实验计算了压力相同但时间不同，以及压片时间相同但压力不同的两种情况下的Cd元素谱线强度的相对标准偏差（Relative standard deviation，RSD）如下：

$$\mathrm{RSD} = \frac{S}{\overline{X}} \times 100\% = \frac{\sqrt{\sum_{i=1}^{n}(X_i - \overline{X})}}{\overline{X}} \times 100\% \tag{9-4}$$

式（9-4）中，S为测量的标准偏差，能够反映测量结果的精密程度，X_i为实际测量的Cd元素的谱线强度，$\overline{X}$为LIBS实验中十次测量的平均值。

由图9-24可以看出，压片的压力小的时候，Cd元素的谱线强度的RSD相对较大，之后随着压力的增加而逐渐减小，但当压力到达10 MPa时，RSD有增加的趋势，在压片压力为8 MPa时RSD最小。在压片时间上，随着压片的时间从1 min开始增加，Cd元素的谱线强度的RSD迅速减小，并在3 min时达到最小，之后又开始随着压片时间的增加而明显变大。其原因在于，当土壤样品压片的压力较小，时间较短的时候，待测样品较为松散，容易被激光激发产生等离子体，而随着压片的压力和时间增加，样品整体变得更加紧实，也需要更多的激光能量用于产生等离子体。但当压力过大、时间过久时，便会损坏土壤样品表面和内部结构，导致目标元素谱线强度的 RSD 有所增加。因此，本实验选择在压力为 6 Mpa、压片时间为 3 min 的条件下对土壤样品进行制备。

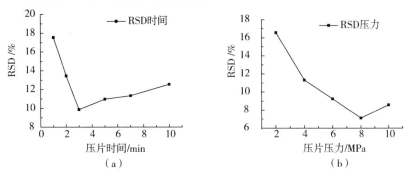

图 9-24　土壤压片测量 Cd 元素谱线强度的 RSD

（a）压片的压力相同时间不同；（b）压片的时间相同压力不同

9.7　本章小结

本章主要介绍了透镜与样品之间距离、延迟时间、光纤探头位置、压片条件对实验的影响，并对 4 个实验进行了参数的优化。

实验一提出了一种最佳实验条件确定的标准。在 LIBS 测量时，等离子体特征参量随着实验条件的改变波动较大，会对定量测量产生较大影响，因此在确定最佳实验条件时应考虑到实验条件对等离子体特征参量的影响。本实验采用等离子体特征参量与光谱信号信噪比相结合的方法确定最佳 LTSD 及延迟时间。

实验二提出了用基底背景扣除法来消除土壤背景中 Al 元素对 Ni 元素的干扰。并按照实验一的方法确定了最佳实验条件。

实验三对同一元素不同特征谱线的光谱强度和元素特征谱线的信背比随含量的变化情况进行了对比分析，研究了谱线的微观特性对谱线的激发状况、信背比及元素含量变化的敏感程度的影响，确定了 Cu I 324.75 nm 和 Cr I 425.44 nm 作为 Cu 和 Cr 元素的分析谱线；通过元素光谱信背比、等离子体电子温度和特征谱线强度分别确定了 Cu 和 Cr 元素的最佳延迟时间、最佳 LTSD 光纤探头探测等离子体的角度和距离。

实验四通过实验研究并确定了土壤样品的最佳的压片时间与压力。

第 10 章

基于 LIBS 技术对能量阈值及光谱特性随光斑半径变化的分析

由于 LIBS 技术中采用的激光为高能量密度的激光。能量较大时会发生自吸收现象同时会存在一定的危险，能量较小时则不能发生光学击穿，因此应合理地选择激光能量。而常见的击穿阈值表示方式为 I_{th}（功率密度），其在实验过程中不易测量与控制。激光器采用激光能量表述激光强度的大小。为了便于实验分析与控制，本章利用雪崩击穿阈值理论将常见光强击穿阈值 I_{th}（功率密度）推导成便于控制分析的激光能量阈值 E_{th}，并分析了激光能量阈值与其他实验条件的关系。

10.1 LIBS 技术在光斑半径方面的研究

激光诱导击穿光谱技术是一种基于原子或离子的发射光谱分析技术。利用光学元件将脉冲激光聚焦在样品表面进行烧蚀，激发后产生瞬态等离子体，通过收集、分析等离子体的发射光谱，实现对各种物理形态样品（气态、液态、固态）中的元素成分进行定性或定量分析[218]。在一些生物化学、微电子机械、血液分析等领域，因激光诱导击穿光谱技术损伤小、速度快而被广泛地采用。同时在激光微加工领域也取得了一定的研究成果，这是 LIBS 快速发展带来的成果[219]。在激光微通道加工过程中光斑半径大小是一个重要的影响因素，所以研究光斑半径在 LIBS 技术中的影响具有一定意义。Li 等[220] 分析了在纳秒脉冲激光下光斑半径对 Cr 等离子体在大气中膨胀动力学的影响。发现无论焦点在样品上面还是在样品下面，只要光斑半径近似相等就会有相似的膨胀动力学。Choi 等[221] 分析了光斑半径变化对 Cu（In，Ga）Se$_2$ 太阳能电池激光诱导击穿光谱的影响。目前对光斑半径在 LIBS 技术中影响的报道较少，在这些报道中只是对光斑半径在 LIBS 技术的影响做了定性分析，并没提出关于不同光斑下实现光学击穿的阈值理论。从理论上分析光斑半径所需的阈值激光能量以及对光谱信号的影响，进而优化激光微加工质量与实验测量过程具有一定的理论与应用意义。

激光与物质的相互作用的机理比较复杂，学者们多集中在激光诱导击穿光谱技术对物质造成的损伤上[222,223]。当一束高功率密度的激光作用在物质表面时，物质表面被烧蚀、气化产生等离子体信号。一些学者根据激光诱导击穿光谱阈值理论得到不同实验条件下的击穿阈值模型，并对模型进行优化、修正。Cabalin 等[222]通过实验分析了不同金属在纳秒脉冲激光下的击穿阈值。Li 等[224] 运用击穿模型，从固体材料损伤的电离机理、基于激光支持的爆轰波模型两个方面分析了微通道的形成机理。Gao 等[225] 研究了液体中光学击穿阈值模型，并经过实验分析了不同脉宽下的击穿阈值的变化关系。Fan[226] 对飞秒击穿模型进行了修正，修正后的模型能够对故障进行建模，对小于 10 ps 的脉冲持续时间，可以在焦点区域中精确定位。本章为了研究激光诱导光学击穿能量阈值随光斑半径的变化关系，利用了雪崩击穿阈值理论得到了光学击穿阈值能量随光斑半径（1～30 μm）变化的理论数学模型，并对理论模型进行了数值模拟。通过实验分析验证了阈值激光能量随光斑半径的变化关系，并对理论阈值模型进行了修正，同时分析了光斑半径对光谱信号及电子密度的影响。

10.2　激光诱导金属铝阈值能量理论分析

目前对于固态的物质来说，物质发生光学击穿主要由两个机制：多光子电离机制和雪崩电离机制。在等离子体初期会由于激光烧蚀，一些杂质、光子发生解离，电子脱离原子核的束缚而产生初始电子，这些初始电子被称为种子电子。随着温度的升高，这些种子电子获取足够的能量去轰击、碰撞其他的原子。使更多的原子发生电离，产生自由电子，自由电子继续轰击未电离的原子，这一过程称为雪崩电离。一般在短的激光和激光焦斑半径较小的情况下，杂质的影响也可以忽略。在对短脉冲激光作用在固体介质上引起的光学击穿的分析基础上，通过对电子密度速率方程的研究来确定激光能量击穿阈值。

等离子体密度演化过程的速率方程如下：

$$\frac{\mathrm{d}N}{\mathrm{d}t} = \left(\frac{\mathrm{d}N}{\mathrm{d}t}\right)mp + \eta_N - g_N - f_N \tag{10-1}$$

式（10-1）中等离子体的密度演化主要分为：多光子电离过程 $\left(\dfrac{\mathrm{d}N}{\mathrm{d}t}\right)mp$，雪崩电离过程自由电子密度速率 η_N，扩散到激光焦点区域外的电子 g_N，电子复合损失 f_N。

在光强较弱的纳秒脉冲激光下，雪崩电离产生的自由电子较多，在理论分析时，可以忽略多光子电离的影响。同时因为电子损耗在击穿后的稳定和衰减期比较明显，所以不用考虑电子的损耗。可以把式（10-1）变为

$$\frac{\mathrm{d}N}{\mathrm{d}t} = \eta_N \tag{10-2}$$

将化简后的等离子密度的速率方程（10-2）解为

$$N = N_0 \exp\left(\int_0^t \eta \mathrm{d}t\right) \tag{10-3}$$

N_0 为初始电子密度，经验值一般为 $10^8 \mathrm{cm}^{-3}$[229]，将 η 看作常数，并在 $N = N_c$ 时求出与之对应的阈值雪崩电离率 η_c。所以会得到下式：

$$N_c = N_0 \exp\left(\int_0^t \eta_c \mathrm{d}t\right) \tag{10-4}$$

$$t\eta_c = \ln\frac{N_c}{N_0} \tag{10-5}$$

N_c 为临界电子密度，$N_c = 10^{20} \mathrm{cm}^{-3}$[65]。

阈值雪崩电离速率[228] 为

$$N_c = \frac{1}{\omega^2\tau^2 + 1}\left(\frac{\tau e^2 I_{\mathrm{th}}}{n_0 c\varepsilon_0 m\Delta E} - \frac{m\tau\omega^2}{M}\right) \tag{10-6}$$

m 为电子质量，M 为原子或分子质量，ω 为激光角频率，$\omega = \pi c/\lambda$，τ 为电子平均碰撞时间，对于固体材料 $\tau = 1\times10^{-15}$[227]，ΔE 为电离能，n_0 为折射率，ε_0 为真空中介电常数，c 为真空中的光速，e 为电子电荷数。

由式（10-6）和式（10-5）可以求解与之对应的阈值光强如下：

$$\left(\frac{\ln\frac{N_c}{N_0}(\omega^2\tau^2 + 1)}{t} + \frac{m\tau\omega^2}{M}\right)\frac{n_0 c\varepsilon_0 m\Delta E}{\tau e^2} = I_{\mathrm{th}} \tag{10-7}$$

由于脉冲激光光强服从高斯分布，激光在不同时刻不同位置的光强分布[228] 为

$$I_{(r,\, z,\, t)} = \frac{2p_{\max}\exp\left[(-4\ln2)(t/T_p)^2\right]}{\pi\omega_{(z)}^2}\exp\left(-\frac{2r^2}{\omega_{(z)}^2}\right) \tag{10-8}$$

10.3　拟合分析阈值激光能量与光斑半径的关系

$p_{\max}$ 为峰值频率，z 为激光轴向位置，$\omega(z)$ 为与轴向位置对应的激光光束半径，r 为距离光束中心的径向位置，$z = 0$ 时激光光束半径等于光斑半径 ω_R，t 为时间，T_p 为全波半极大脉冲宽度（FWHW）。

$$I_{(r, \omega_R, t)} = \frac{2p_{max} \exp[(-4\ln 2)(t/T_p)^2]}{\pi \omega_R^2} \exp\left(-\frac{2r^2}{\omega_R^2}\right) \qquad (10-9)$$

脉冲能量与脉冲峰值功率关系[230] 为

$$E_p = P_{max} \int_{-\infty}^{\infty} \exp\left[(-4\ln 2)\left(\frac{t}{t_p}\right)^2\right] dt = 1.064 P_{max} T_p \qquad (10-10)$$

最终由式（10-7）、式（10-9）、式（10-10）可以求出阈值激光能量 E_{th}:

$$E_{th} = 1.064 \left(\frac{\left[\frac{1}{t}\ln\frac{N_c}{N_0}(\omega^2\tau^2 + 1) + \frac{m\tau\omega^2}{M}\right] n_0 c \varepsilon_0 m \Delta e \cdot \pi \omega_R^2}{\tau e^2 \exp[(-4\ln 2)(t/T_p)^2] \exp\left(-\frac{2r^2}{\omega_R^2}\right)} \right) T_p \qquad (10-11)$$

将实验参数代入式（10-11）进行拟合，观察并得到光斑半径和阈值激光能量的关系。

图 10-1 为当 $r = 0$，$r = \omega_R$，$z = 0$ 时，拟合出的阈值激光能量与光束半径的变化情况。当 $r = 0$、$r = \omega_R$ 时阈值能量关于光斑半径的函数关系分别为 $y_0 = 0.06x^2$、$y_{\omega_R} = 0.154x^2$。$r = 0$ 时为中心位置实现光学击穿所需要的击穿阈值能量。$r = \omega_R$ 时为光斑范围内实现光学击穿所需要的击穿阈值能量。

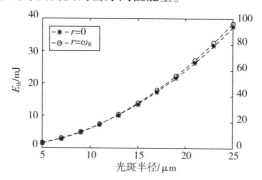

图 10-1　阈值激光能量随光斑半径变化的数值模拟

由图 10-1 可以看出激光光束半径越大，所需要的阈值脉冲激光越大。这也可以解释在进行 LIBS 测量时，光路中一般都需要聚焦透镜将激光光束聚焦，使激光聚焦在待测样品上时达到相应的能量密度。光斑越大，所需要的激光能量越大，所以应尽量减小光斑的大小，降低光学击穿难度。

10.4　实验过程

10.4.1　光斑半径的测量

通过改变扩束镜和聚焦透镜两者之间的距离来实现激光光斑半径大小的改变。

用激光打在激光纸表面上产生的烧蚀坑来测量实际近似的光斑半径。烧蚀坑的轮廓用坐标纸标定，用 MATLAB 软件处理图像进行测量。测得光斑半径为 9.2 μm、11 μm、11.9 μm、12.8 μm、17.5 μm、23 μm。

　　实验过程中采用铝板作为实验样品，对光斑半径与激光能量的关系进行实验分析。图 10-2 为光斑半径为 9.2 μm、激光能量为 30 mJ 时的 Al 元素的光谱图。图 10-3 为光斑半径为 17.5 μm、激光能量为 2 mJ 时的 Al 元素的光谱图。

　　在激光能量 2 mJ 下，通过改变扩束器到透镜的距离得到了六组不同尺寸的光斑，每组五个光斑。将留有光斑的激光纸放置在坐标纸上，经 MATLAB 图像处理后得到如图 10-4 所示的不同尺寸光斑的初始二值图像，进而测得光斑的大小。每组光斑求均值得到的光斑半径分别为 9.2 μm、11 μm、11.9 μm、12.8 μm、17.5 μm、23 μm。

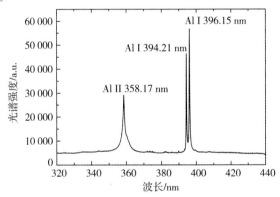

图 10-2　激光能量 30 mJ、光斑半径 9.2 μm 的 Al 元素的谱线图

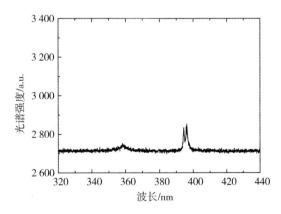

图 10-3　激光能量 2 mJ、光斑半径 17.5 μm 的 Al 元素的谱线图

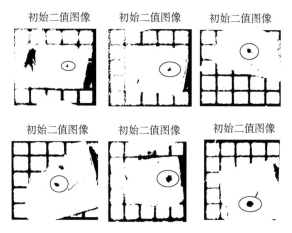

图 10-4　不同尺寸光斑的初始二值图像

10.4.2　阈值激光能量的检测

阈值激光能量定义为样品实现光学击穿所需要的最小激光能量。图 10-5 显示了特征谱线 Al I 394.12 nm、Al I 396.15 nm 光谱信噪比 SNR 与 532 nm 激光能量的关系。取该噪声峰值两侧 1 nm 的背景信号。每个尺寸光斑取 5 个不同的位置，每个光谱是 10 次激发信号取平均值的结果。如图 10-5 所示为谱线分别为 Al I 394.12 nm、Al I 396.15 nm 的光谱信噪比 SNR 随着激光能量变化的拟合直线，取信噪比 SNR=3 时[231] 对应的激光能量值为阈值激光能量[63]，从而求出每个光斑半径对应的阈值激光能量。

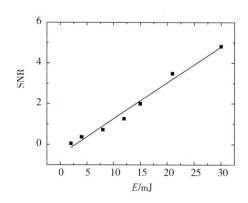

图 10-5　Al 元素的信噪比 SNR 随激光能量的变化

10.4.3　阈值模型的修正

经过拟合激光能量与信噪比的关系求出两个特征谱线 Al I 394.12 nm、Al I

396.15 nm 不同光斑半径所对应的阈值激光能量，如表 10-1 所示。由图 10-6 可以看出随着光斑半径的增加，光学击穿所需要的阈值激光能量也逐渐增加。两条特征谱线 Al I 394.12 nm、Al I 396.15 nm 对应的阈值能量与光斑半径的函数关系分别为 $y_1 = 0.158x^2 - 2.997x + 24.046$、$y_2 = 0.123x^2 - 2.26x + 18.55$。实验所得结论与理论数值模拟的变化趋势相符，但实验所得阈值激光能量值与数值模拟所得的阈值激光能量值有所偏差。这与高温高压下等离子体吸收激光能量向外膨胀形成冲击波，在冲击波作用下等离子体烧蚀形成的微通道大于等离子体的范围这一原因有很大关系。以至于在相同的光斑半径下，数据拟合所需的阈值激光能量大于实验分析所得到的阈值激光能量。同时受样品基体、环境等因素的影响也会造成拟合值与实验值有所偏差。

表 10-1　不同光斑、不同特征谱线对应的阈值激光能量

光斑半径/μm	E_{th1}/mJ	E_{th2}/mJ
9.2	10.59	9
11	9	7.58
11.9	9.4	7.69
12.8	13.27	11.1
17.8	19.91	16.9
23	38.5	31.44

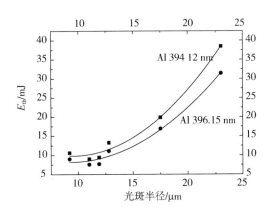

图 10-6　阈值激光能量随光斑半径的变化关系

将理论推导的阈值击穿能量与光斑半径的关系进行修正。在实际测量过程中，等离子体处于一种高温高压的状态。这种高温高压的状态会促使等离子体吸收激光能量后形成一种冲击波，使其向外膨胀扩散。因此在实际测量的过程中等离子体留下的光斑要大于激发产生等离子体的范围[61]。

$$E_{th} = 1.064 \left(\frac{\left[\frac{1}{t} \ln \frac{N_c}{N_0} (\omega^2 \tau^2 + 1) + \frac{m\tau\omega^2}{M} \right] n_0 c \varepsilon_0 m \Delta E \cdot \pi\omega_R^2}{\tau e^2 \exp[(-4\ln 2)(t/T_p)^2] \exp\left(-\frac{2r^2}{\omega_R^2}\right)} \right) T_p - B$$

(10-12)

根据经验由于冲击波等原因测量光斑要大于实际光斑半径，且冲击波与光斑半径存在一定比例关系。取修正系数 B，修正样品基体、环境以及冲击波等影响因素造成的影响。

对 $r = \omega_R$ 时数值模拟的阈值能量关于光斑半径的函数关系进行修正。如表 10-2 所示，修正后的阈值模型与实验所得数学模型的相对误差小于 5.3%。

表 10-2　阈值模型修正分析结果

光斑半径/μm	$E_{修}$/mJ	E_{th1}/mJ	RES/%
9.2	10.35	9.846	5.2
11	10.73	10.197	5.3
11.9	11.30	10.756	5.0
12.8	12.11	11.57	4.7
17.8	21.17	20.76	2.0
23	38.77	38.697	0.18

10.5　光斑半径对实验的影响研究

10.5.1　光斑半径对光谱信号的影响

为了进一步分析光斑半径在 LIBS 技术中的影响。实验分析了光斑半径与光谱强度及光斑半径与电子密度的变化关系。

LIBS 光谱信号强度受到激光烧蚀面积的影响，烧蚀面积越大，样品被剥离和激发的原子数量越多，那么信号强度也就越大。但激光能量一定时，光斑面积越大，能量密度越小，击穿能力越小，光谱强度也随之减小。图 10-7 为不同激光能量下光谱强度随着光斑半径的变化关系。如图所示当光斑半径从 9.2 μm 增大到 17.8 μm 时，光谱强度呈现一个先增加后迅速减小的变化趋势。在光斑半径为 11 μm 时，光谱强度有最大值。因此实验需要寻找最佳的光斑半径。

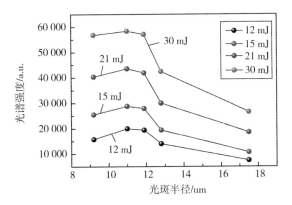

图 10-7　光谱强度随光斑半径的变化情况

10.5.2　光斑半径对等离子体电子密度的影响

电子密度是等离子体中的一个重要的参数，了解该参数更有助于理解等离子体的变化过程。图 10-8 所示为对 Al I 396.15 nm 谱线的 Lorenz 拟合。谱线半峰宽为 0.385 nm。计算得到电子密度为 12.66×10^{16} cm^{-3}。

等离子体的电子密度通过谱线的半高宽 $\Delta \lambda_{1/2}$ 来计算，公式如下：

$$\Delta \lambda_{1/2} = 2\omega \frac{N_e}{10^{16}} \qquad (10-13)$$

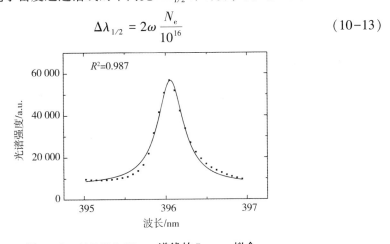

图 10-8　Al I 396.15 nm 谱线的 Lorenz 拟合

图 10-9 为不同激光能量下电子密度随着光斑半径的变化情况。当光斑半径从 9.2 μm 增大到 17.8 μm 时，电子密度呈现先增加后减小的变化趋势。随着激光能量的增大，电子密度在逐渐增加。在光斑半径为 9.2 μm 时光斑面积最小，激光能量密度最大。随着光斑面积逐渐增加，样品中被剥离和激发的原子数逐渐增多，电子密度增大。同时随着光斑面积的增加，能量密度逐渐减小。当光斑面积增加到一定值之后，能量密度烧蚀能力逐渐减小，样品中被激发的等离子体逐渐减少，

所以电子密度也随之减小。因此在光斑半径为 11 μm 时，电子密度也存在最大值。

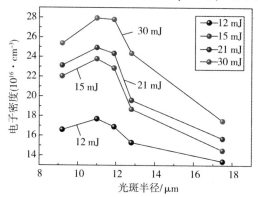

图 10-9 电子密度随光斑半径的变化情况

10.6 实验总结

利用雪崩击穿阈值理论得到了光学击穿阈值能量随光斑半径变化的数学模型，并对 1~30 μm 的光斑半径与阈值激光能量的变化进行了数值模拟。结果显示，阈值击穿能量随光斑半径呈二次函数变化关系。通过实验分析验证了数值模拟得到的阈值激光能量与光斑半径二次函数的变化关系。并对阈值理论模型进行修正，修正后的阈值模型与实验所得的数学模型的相对误差小于 5.3%。同时分析了光谱强度及电子密度随着光斑半径的变化关系。随着光斑半径的增加，光谱强度及电子密度呈现一个先增加后减小的变化趋势。在 11 μm 时，光谱强度和电子密度均取得最大值。因此实验过程中需要寻找合理的光斑半径尺寸。

10.7 本章小结

本章根据雪崩击穿阈值理论将常见光强击穿阈值 I_{th}（功率密度）转化成便于实验设置与分析的激光能力阈值与实验条件的关系。分析了阈值激光能量与光斑半径的关系，并进行了实验验证。同时分析了光斑半径对光谱信号及电子密度的影响，得到在光斑半径为 11 μm 处光谱强度和电子密度均存在最大值。因此在 LIBS 实验过程中需要寻找最佳的光斑半径尺寸。这为进一步研究光斑半径在 LIBS 技术测量中的影响提供了可靠的理论依据和实验参考。

第 11 章

实验条件优化及定量分析

由于土壤中的组成成分繁多且未知，且不同基体间会相互作用造成实验分析结果出现偏差，降低定量分析的准确性，因此，消除土壤中的基体效应是非常重要的。此外土壤中的基底元素与待测元素谱线重叠会影响谱线强度分布，影响定量分析的精度。为了避免谱线的重叠干扰，常选取无元素干扰的谱线作为特征谱线。而对于土壤中一些元素来说，诱导出的等离子体的谱线是有限的。针对土壤重金属检测时存在的谱线重叠的问题，提出利用基底背景扣除的方法消除土壤基底 Al 元素对 Ni 元素的谱线干扰，并提高测量精度。

11.1 添加剂对基体效应的影响

基体效应是指由于待测样品内部的基体不同，其物理、化学性质的差异对目标元素的特征谱线强度产生的影响。Krasniker 等[233] 认为不同基体对激光能量吸收能力不同，从而导致烧蚀量之间的差别。马锦如[234] 讨论了基体效应对不同校准方法的影响，指出基体效应是由物理和化学两种因素组成的，化学因素为基体元素与目标元素产生反应，使其变为不可测量的难分解化合物，物理因素为待测样品的离解能发生了改变。张武高等[235] 根据热力学理论，从理论上详细探讨了激发微区发射光谱分析法中的蒸发和激发两个过程中熵对基体效应的影响，并指出在激光器的输出功率额定的情况下，基体效应是必然存在的。如图 11-1 所示，在沙子和土壤中添加 $BaCO_3$ 试剂压片进行定量分析，可以看出，Ba 元素浓度相同时，在沙子和土壤两种不同基体中，Ba 元素的信号强度明显不同[236]。由此可见，土壤中的基体效应是 LIBS 应用于土壤研究必须要解决的问题。

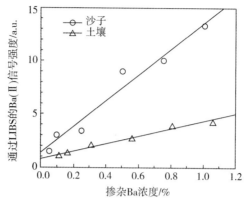

图 11-1　掺杂 BaCO₃ 的土壤和沙子中的 Ba 元素的定标曲线（实验条件相同）

如前所述，不同土壤的物理和化学性质十分不同，基体效应十分明显，在土壤压片过程中，添加凝结剂有助于改善土壤压片状况。添加凝结剂在土壤中的研究有很多，例如聚乙烯醇、石蜡、微晶素等。但这些研究的重点在于让土壤样品制备时能够更好地黏合，添加的凝结剂含量较低，对降低基体效应的影响的作用比较局限[237]。本文选择添加 KBr 试剂作为凝结剂来降低土壤中基体效应对 LIBS 定量分析的干扰。选择 KBr 的原因有以下 3 点。

（1）KBr 是光谱实验压片测量中经常使用的试剂，成本较低且对激光的吸收性较好。

（2）K、Br 元素在土壤中的含量很少，属于微量元素，且 Br 元素的原子难以被 LIBS 激发电离，不会对 LIBS 的分析谱线造成干扰。

（3）KBr 的沸点和熔点较低，能够降低激光击穿土壤样品的击穿阈值，提高激光与土壤的耦合效率。

11.2　金属基体辅助

在 LIBS 技术应用于土壤重金属的分析中，制备的土壤样品内部颗粒大小不一[238] 及添加的试剂含量分布不均匀等问题会对定量分析结果产生影响。基于金属基体辅助 LIBS 检测在液体领域的优异效果[239]，实验将选择将超纯去离子水与土壤样品混合制成的泥浆涂抹于金属基体表面，作为 LIBS 检测土壤样品元素的基体。

11.3　背景扣除法

由于土壤中元素种类较多，采用激光诱导击穿光谱技术对土壤中重金属元素进行测量时，土壤中的基底元素与待测元素谱线重叠会影响谱线强度分布，影响定量分析的精度。为了避免谱线重叠的干扰，常选取无元素干扰的谱线作为特征谱线。而对于土壤中一些元素来说，诱导出的等离子体的谱线是有限的。针对土壤重金属检测时存在谱线重叠的问题，提出利用基底背景扣除的方法消除土壤基底 Al 元素对 Ni 元素的谱线干扰，从而提高测量精度。

以土壤中基底元素 Al 与待测元素 Ni 作为研究对象。为了消除土壤基底 Al 元素对 Ni 元素的谱线干扰，分别对纯铝基底土壤样品和压片土壤样品中的 Ni 元素的光谱图进行了分析。发现两类土壤中波长为 373.68 nm 的 Ni 元素的特征峰，会受到 373.39 nm 处的 Al 元素的特征峰的影响。对纯铝基底的土壤样品用铝元素背景扣除的方法来消除 Al 元素对土壤中 Ni 元素的影响。

11.4　实验过程及分析

实验一　KBr 添加剂对实验的影响

1. KBr 凝结剂对谱线强度及稳定性的影响

实验中所采用的激光器和光谱仪与第 9 章实验一所采用的激光器和光谱仪相同，土壤样品的处理与第 9 章实验四相同。

目标元素谱线强度是 LIBS 定量分析的基础，同时也是判断谱线受到基体效应具体影响情况的评价参数，而谱线强度的稳定性则反映了 LIBS 检测的精密性，因此，本文研究了向土壤中添加 0 ~ 80% 的 KBr 凝结剂对 Cd 元素谱线强度及其 RSD 的影响情况。样品制备过程如前所述，自制土壤样品 Cd 元素的配置含量如表 11-1 所示。

表 11-1　土壤样品中 Cd 元素浓度 （mg/kg）

样品序号	1	2	3	4	5	6	7
Cd 元素含量	1	5	10	20	30	50	100

图 11-2 是土壤样品中添加 0 ~ 80% KBr 黏合剂情况下 Cd 元素的光谱强度变化情况。

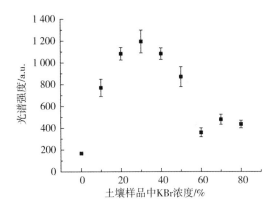

图 11-2　Cd 的谱线强度与土壤样品中 KBr 的含量关系

从图中可以得出以下结论。

（1）随着添加在土壤样品中的 KBr 含量的增加，LIBS 信号也开始增强。当添加 KBr 的比例小于 40% 的时候，Cd I 228.8 nm 的谱线强度要高于原始土壤样品，直到继续添加 KBr 稀释土壤样品的效果更加明显时，LIBS 谱线强度才逐渐降低。

（2）当添加 KBr 凝结剂的含量大于 60% 后，Cd I 228.8 nm 的谱线强度变化趋于稳定。当 KBr 的含量为 80% 时，Cd I 228.8 nm 的谱线强度是原始样品的 2 倍，说明 KBr 可以稳定增强目标元素的谱线强度。表 11-2 为土壤样品中添加不同含量的 KBr 凝结剂下 Cd 元素谱线强度的平均 RSD。

表 11-2　0~80%KBr 下 Cd 元素光谱强度的平均 RSD（%）

KBr 浓度/%	0	10	20	30	40	50	60	70	80
平均 RSD	7.30	10.74	8.75	11.5	7.62	10.52	5.15	4.63	3.03

由表 11-2 可知，添加 KBr 凝结剂的含量在 0~50% 时，测量的 Cd 元素的谱线强度的 RSD 变化情况并不稳定，而当含量在 50% 以上时，其变化持续减小并稳定在 5% 以内。因此，根据添加不同含量的 KBr 后，Cd 元素谱线强度的变化情况及其相对标准偏差的对比情况，本文选择含量为 80% 的 KBr 作为土壤样品的凝结剂。

表 11-3 为 Cd 元素在未添加和添加 80%KBr 凝结剂条件下不同 Cd 元素浓度对应的谱线强度的 RSD。由表 11-3 可知，添加 80%KBr 可以降低元素谱线强度的相对标准偏差值，提高实验测量结果的准确性。

表 11-3　未添加和添加 80%KBr 凝结剂下不同含量 Cd 元素谱线强度的 RSD（%）

Cd 元素含量/mg·kg⁻¹	1	5	10	20	30	50	100
未添加凝结剂 RSD	9.51	8.95	11.21	7.41	9.72	8.86	10.37
添加凝结剂 RSD	7.17	6.51	8.03	6.32	4.66	5.24	6.32

2. KBr 凝结剂对激光与土壤耦合效率的影响

脉冲激光通过聚焦透镜作用在待测样品上，激光烧蚀的效率越高，待测样品被烧蚀的质量越大，从而产生的包含目标元素信息的等离子体数量越多，进而影响采集到的 LIBS 光谱质量。实验采取测量烧蚀样品质量的方式，对比添加 0 ~ 80% 含量的 KBr 凝结剂对烧蚀样品效率的影响。在相同实验条件下，将相同含量的 KBr 凝结剂分别添加在 3 个同质量的样品中，取 3 个样品烧蚀量的平均值作为激光的烧蚀量，使用电子天平测量激光作用在待测样品前后的质量，两者相减即为激光的烧蚀量，结果如表 11-4 所示。

表 11-4　土壤样品烧蚀质量

KBr 浓度/%	0	10	20	30	40	50	60	70	80
烧蚀质量/g	0.262	0.281	0.305	0.347	0.386	0.422	0.449	0.471	0.496

由表 11-4 可知，随着添加 KBr 凝结剂含量的增加，激光烧蚀土壤样品的质量增大，激光与土壤耦合效率提高。其原因是 KBr 的熔点和沸点较低（熔点 730℃，沸点 1 435 ℃），且对激光的吸收效率高。KBr 凝结剂的加入，降低了激光击穿土壤样品的击穿阈值，提高了激光与靶物质的热耦合效率，因此增加了激光作用下的土壤样品烧蚀量，从而提高了采集到的光谱数据质量。

3. KBr 凝结的土壤 LIBS 定量分析

将未添加凝结剂和添加 80% KBr 凝结剂后的两种情况作对比，分析 Cd 元素的定量分析情况，如图 11-3 所示。

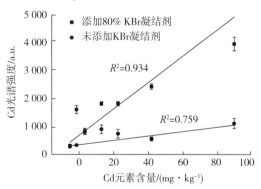

图 11-3　有无 KBr 凝结剂下 Cd 元素的定标曲线

由图 11-3 可知，在未添加 KBr 凝结剂的情况下，由于土壤中基体效应的影响导致建立的定标曲线中不同浓度的 Cd 元素的数据点离散度较大。在添加了凝结剂后，定标曲线的相关系数由 0.759 提高到 0.934，且添加了 80% KBr 后 Cd 元素的谱线强度也得到了大幅度的提升，再一次证明添加 KBr 凝结剂可以增加激光与样品的耦合效率，有效改善基体效应。

为了进一步证明添加 KBr 凝结剂能够减少定量分析土壤元素含量的相对误差，计算了未添加 KBr 凝结剂的土壤样品和添加 80% KBr 凝结剂条件下的相对预测误差平均值（Average relative error of prediction，REP）如下：

$$REP(\%) = \frac{100}{N} \sum_{i=1}^{N} \left| \frac{C_p - C_i}{C_i} \right| \qquad (11-1)$$

式（11-1）中，N 为测量不同浓度土壤样品的总数，C_i 是土壤中 Cd 元素的真实含量，C_p 是 LIBS 对待测元素的测量值，即本实验中十次测量的 Cd 元素谱线强度的平均值，再利用定标曲线预测计算得到的浓度。通过计算，添加 80% KBr 凝结剂下的 REP = 8.57，未添加 KBr 凝结剂下的 REP = 29.63。由此可知，添加 KBr 凝结剂可以降低测量的误差平均值，提高实验结果的准确性。

实验二　金属基体对实验的影响

实验中所采用的激光器和光谱仪与第 9 章实验一所采用的激光器和光谱仪相同，土壤样品的处理与第 9 章实验四相同。

1. 金属基体辅助 LIBS 检测土壤样品

3 种金属基体购置于北京蒂姆新材料科技有限公司，其中，Cu 的纯度为 99.95%，Al 的纯度为 99.999%，Zn 的纯度为 99.99%。3 种标准金属块材含有的痕量杂质元素及浓度如表 11-5 所示。

表 11-5　金属基体的痕量元素成分信息

Al/%		Zn/mg · kg^{-1}		Cu/%	
50×50 mm^2，10 mm		50×50 mm^2，10 mm		50×50 mm^2，10 mm	
Cu	1.4×10^{-4}	Fe	2.8	Bi	10×10^{-4}
Fe	10×10^{-4}	Pb	0.5	Sb	20×10^{-4}
Si	10×10^{-4}	Cu	2.8	Pb	30×10^{-4}
Zn	10×10^{-4}	Cd	0.2	Sn	20×10^{-4}
Ga	50×10^{-4}	Al	1	Ni	20×10^{-4}
Ti	10×10^{-4}	Ti	1	Fe	40×10^{-4}
Cd	10×10^{-4}	其他	0.5	Zn	30×10^{-4}
Ag	10×10^{-4}			S	40×10^{-4}
其他	10×10^{-4}			其他	20×10^{-4}

在实验前，针对 3 种金属基体进行如下处理。

（1）用 500 目的砂纸对金属基体的表面进行细致打磨，使其表面基本平滑，没有明显的划痕。

（2）使用无水乙醇和超纯去离子水分别对打磨后的金属基体进行充分的清洗，使其表面洁净。

（3）将脉冲激光作用在预处理后的金属基体表面，脉冲激光束的聚焦光斑相对金属基体移动，得到大小为 50×50 mm² 的正方形粗糙微结构区域。

称取 0.5 g 不同浓度的土壤样品分别与 0.5 ml 超纯去离子水进行混合，利用玻璃棒搅拌均匀后，使用载玻片将其涂抹到激光预处理后的金属基体上，在烘箱中于 90℃ 的条件下烘干 5 min 后，待泥浆完全附着在金属基体上时对其进行测量。

2. 金属基体对等离子体参数的影响

在自制土壤样品中 Cd 元素的配置含量实验中，将掺杂 Cd 元素的土壤样品制成泥浆分别涂抹到 Cu、Al 和 Zn 金属基体上，对其进行 LIBS 检测。根据目标元素分析谱线选取的原则，选取 Cd I 228.8 nm 特征谱线作为 Cd 元素的分析线。图 11-4 是在压片和涂抹金属基体条件下的 Cd I 228.8 nm 谱线强度及其 Lorenzo 拟合曲线的半高全宽。

由图 11-4 可知，在金属基体辅助 LIBS 检测的条件下，Cd 元素谱线强度要明显高于普通的压片方式。根据 Lorenzo 谱线图拟合求得谱线的半高全宽，采用谱线展宽测量公式（7-9）计算等离子体电子密度。

经过计算，在压片方式下的等离子体电子密度为 2.51×10^{16}，Al、Cu、Zn 金属基体下的等离子体密度分别为 4.93×10^{16}、4.64×10^{16}、4.50×10^{16}。以金属为基体辅助下的等离子体电子密度明显高于压片方式下的电子密度。这是由于脉冲激光与待测样品相互作用同时作用于金属基体表面，当脉冲激光与金属基体相互作用时，激光能量与金属的耦合效率很高，诱导其产生强烈高温的金属等离子体，增加了自由电子与发光粒子的碰撞概率，提高了样品元素的发射光谱强度。

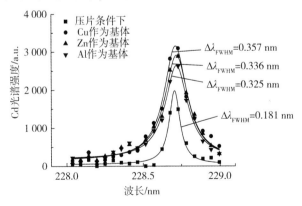

图 11-4　Cd I 228.8 nm Lorenzo 拟合曲线

3. 金属基体辅助 LIBS 定量分析

为了进一步研究金属基体对 LIBS 定量分析的影响，分别对 Cd 元素在有无金属基体的条件下进行定量分析，如图 11-5（a）、（b）分别是压片条件下和金属基体辅助下的 Cd 元素的定标曲线。

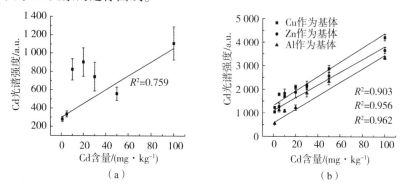

图 11-5　压片条件下及三种金属基体辅助条件下 Cd 元素定标曲线

（a）压片条件下 Cd 元素定标曲线；（b）3 种金属基体辅助下 Cd 元素定标曲线

由图 11-5 可知，土壤样品在压片条件下，各浓度点的分布具有较大的离散性，且随着浓度的增加，其相对误差增大，所建立的定标曲线不能用于实际的元素浓度预测中。而在金属基体的辅助下，各浓度点的离散性得到了很大的改善，Cu、Zn 和 Al 金属基体辅助 LIBS 检测得到的定标曲线拟合系数 R^2 分别为 0.903、0.956 和 0.962，且各浓度点数据的相对标准偏差较小，所建立的模型更适合用在元素浓度预测中。在 LIBS 定量分析中，元素检测限（Limit of detection，LOD）和相对标准偏差是两个重要的参数。前者反映了 LIBS 对待测样品中的目标元素的最小检测值和检测能力，后者反映了 LIBS 检测结果的准确性。检测限的计算公式为

$$LOD = \frac{3\sigma}{S} \tag{11-2}$$

式（11-2）中，S 为定标曲线的斜率，σ 为目标元素附近空白背景信号的相对标准偏差。选取 10 组数据进行计算，得到金属基体下 Cd 元素的检测限。表 11-6 是 3 种金属基体下 Cd 元素 LIBS 检测的检测限、平均 RSD 以及定标曲线相关拟合系数 R^2。

表 11-6　3 种金属基体下 Cd 元素的检测限、平均 RSD 和定标曲线 R^2

LIBS 检测	Cu 金属基体			Al 金属基体			Zn 金属基体		
	LOD	RSD	R^2	LOD	RSD	R^2	LOD	RSD	R^2
Cd	39.5×10^{-6}	3.874%	0.903	27.2×10^{-6}	6.2%	0.962	15.6×10^{-6}	7.39%	0.956

由表 11-6 可知，在金属基体辅助检测下，LIBS 的检测限达到了 10^{-6} 量级，建

立的定标曲线相关拟合系数 R^2 均在 0.9 以上，且平均 RSD 都控制在 8% 以内，表明使用金属基体辅助 LIBS 检测可以有效地改善土壤基体效应。

4. 金属基体增强 LIBS 检测的机理分析

不同基体由于其内部的组成不同，会影响其表面激发出的等离子体特征，主要是等离子体电子温度。等离子体电子温度的高低会影响金属基体表面的待测样品中 Cd 元素的谱线强度。在假设等离子体满足 LTE 状态下，根据 Boltzmann 谱线法计算了 3 种金属基体的等离子体电子温度。Cu、Al、Zn 的等离子体电子温度的谱线参数如表 11-7 所示。

表 11-7　3 种金属基体的谱线参数

	波长/nm	E_m/eV	A_{mn}/10^7 s^{-1}	g_m
Cu I	222.57	7.211	7.21	6
	229.38	6.79	5.75	4
	324.75	3.82	13.9	4
	327.39	3.78	13.8	2
	406.26	6.871	8.02	6
Al I	221.01	5.622	0.87	4
	226.91	5.477	7.58	6
	237.21	5.226	0.58	2
	256.8	4.827	1.92	4
	257.51	4.827	3.6	6
	394.4	3.143	4.93	2
	396.15	3.143	9.8	2
Zn I	330.29	7.78	6.7	3
	334.56	7.78	4	5
	472.22	6.64	4.58	3
	636.234	7.73	4.65	5

经过计算，金属 Zn 的等离子体电子温度为 12 987 K，Cu 为 11 962 K，Al 为 8 467 K。而 Zn 的电离势为 9.39 eV，Cu 的电离势为 7.72 eV，Al 的电离势为 5.98 eV，3 种金属的电离势的高低与等离子体电子温度的关系 $T_{e\,Zn} > T_{e\,Cu} > T_{e\,Al}$ 相对应，这也符合 González 等[240] 的研究：更高的探测灵敏度应该产生于具有更高温度的等离子体基体（电离势更高的基体）。脉冲激光与金属基体相互作用诱导其产生强烈高温

的金属等离子体，高温金属等离子体会对待测物质进行二次加热使其汽化和电离，即待测物质得到二次击穿，最终形成具有很高的等离子体电子温度和电子密度的混合等离子体，产生更强的 LIBS 信号，还能够将高电离能的元素充分的激发，使其产生辐射。同时，高温金属等离子体会进一步激发目标元素的原子，弥补了土壤中其他元素原子对目标原子的干扰，有效地改善了土壤中的基体效应。

实验三　结合等离子体特性对土壤 Pb、Ni 元素定量分析实验

1. 实验结果与分析

1）定标曲线的建立

经过第 9 章实验一的研究，优化后的实验条件为：激光脉冲能量为 36 mJ，延迟时间为 1.2 μs，LTSD 取 96 mm。每个样品取 5 个不同的位置，每个光谱是 10 次激发信号取的平均值，每个位置采集 10 组光谱信号。采集含 Pb、Ni 浓度为 0.07%、0.1%、0.4%、0.7% 和 1.2% 的土壤标样中 Pb、Ni 的特征谱线。采用谱线强度比分别建立 Pb I 280.19 nm 和 Ni I 373.68 nm 的定标曲线，Fe I 309.27 nm 作为内标线。图 11-6 为土壤中 Pb、Ni 的内标法建立的定标曲线。Pb 的定标曲线的相关系数 R^2 为 0.993，Ni 的定标曲线的相关系数 R^2 为 0.998。通过计算，Pb 和 Ni 的最大相对标准偏差（RSD）分别为 4.47% 与 4.76%，可以看出，两种元素定标曲线中相关系数相对较高，具有一定的利用价值。

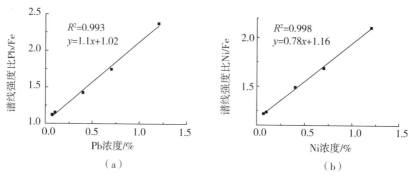

图 11-6　土壤中 Pb、Ni 元素的定标曲线

（a）Pb 元素；（b）Ni 元素

2）定标曲线测试结果

在优化实验条件下对土壤样品（0.25%、0.9%）进行定量分析，每个样品采集 50 个光谱求平均值。选择 Pb I 280.19 nm 和 Ni I 373.68 nm 作为分析线。结果表明，Pb 含量的相对误差为 12%、5.5%，Ni 含量的相对误差为 4.8%、1.1%。本实验采用了光谱信号信噪比与等离子体特征参量相结合来优化实验条件的方法，与近期报道中的一些方法相比，降低了相对误差。Wu 等[194] 采用标准加入法对土壤中的 Pb 进行 LIBS 定量分析，最大相对误差为 29%。Li 采用标准加入法对土壤中的 Pb 进行定量分析，最大相对误差为 38.3%。郑培超等[241] 采用加热双脉冲的方法，对黄连中的 Pb 进行定量分析，最大相对误差为 13.2%。在近期常见报道中，最大相对误差范围为 13.2% ~ 38.3%。本实验将最大相对误差降低到 12%，提高了检测精度。Pb、Ni 定量分析的结果如表 11-8 所示。

表 11-8　Pb、Ni 定量分析的结果

Pb	标准浓度	拟合反演浓度	相对误差
内标法	0.25%	0.28%	12%
	0.9%	0.85%	5.5%
Ni	标准浓度	拟合反演浓度	相对误差
内标法	0.25%	0.238%	4.8%
	0.9%	0.89%	1.1%

2. 实验结论

基于 LIBS 技术实现了土壤中的 Pb、Ni 两种元素成分的定量分析。在 LIBS 测量时，等离子体特征参量随着实验条件的改变波动较大，会对定量测量产生较大影响。在 LTSD、延迟时间这两个实验参数对光谱信号强度及信噪比 SNR 的影响的基础上，分析了这两个实验参数对等离子体温度、电子密度的影响，确定了对于土壤中 Pb、Ni 元素定量分析的最佳 LTSD、延迟时间。采用内标法对土壤样品中的 Pb、Ni 进行了定量分析，实验结果表明，Pb 定标曲线的线性相关系数 R^2 为 0.993，Ni 定标曲线的线性相关系数 R^2 为 0.998，分析谱线得到两种元素的最大标准偏差（RSD）分别为 4.47%、4.76%。证明谱线强度与元素浓度具有良好的线性关系。基于两种元素模型对两个不同浓度的样品进行了定量测试分析，预测 Pb 含量的最大相对误差为 12%，预测 Ni 含量最大相对误差为 4.8%。在土壤样品定量分析过程中，选择合适的实验参数非常重要，应该考虑到等离子体特征参量随实验参数的变化情况，从而确定最佳实验条件。

实验四　背景扣除法对实验的影响

1. 纯铝基底与压片土壤样品谱线对比分析

实验中所采用的激光器和光谱仪与第 9 章实验一所采用的激光器和光谱仪相同。被测样品来自第 9 章实验二。

图 11-7 所示为 Ni 含量均为 0.05% 的纯铝基底的土壤样品和压片土壤样品在波长为 370 ~ 400 nm 的波形图。由波形图可以看出，在 373.68 nm 处的 Ni 元素的特征峰会受到 373.39 nm 处的 Al 元素的特征峰的影响。因此对 Ni 进行定量分析时，应

消除土壤中的 Al 元素对特征峰的影响。在波长为 390～400 nm 内，两种土壤 Fe 元素和 Al 元素的特征峰的峰值均偏高，这与 Fe 元素在 393 nm 处原子谱线跃迁概率较高有关，且在 396.79 nm 处 Fe 元素的原子谱线受 Al I 396.11 nm 谱线的影响，峰值强度会偏高。

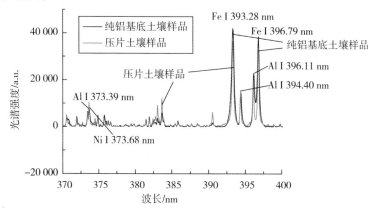

图 11-7　纯铝基底土壤和压片土壤在 370～400 nm 的谱线

图 11-8 所示为纯铝基底和以纯铝为基底的土壤样品的光谱图。在纯铝的光谱图中可以看出谱线在 Al I 373.39 nm 处的特征峰左右均无其他谱线影响，所以可以用来扣除土壤中 Al 元素对 Ni、Fe 元素的谱线的影响。

图 11-9 所示为纯铝基底土壤采用基底背景扣除法扣除基底 Al 元素后的元素谱线和为未扣除基底背景的土壤样品的元素谱线。由图 11-9 可以清晰地看出扣除 Al 元素的基底背景后，消除了土壤中 Al I 373.39 nm 的谱线对待测元素 Ni I 373.68 nm 的特征谱线的干扰，因此可以用于定量分析。

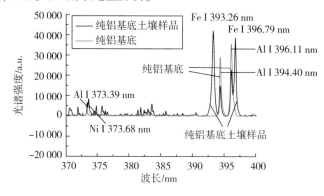

图 11-8　纯铝基底土壤与纯铝在 370～400 nm 范围的谱线

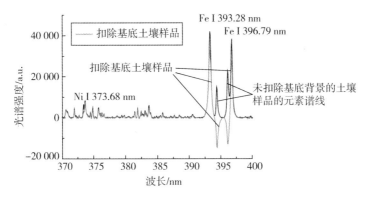

图 11-9　扣除背景后的纯铝基底土壤样品 370~400 nm 的谱线

2. 实验结果与分析

1）定标曲线的建立

经过以上实验条件的优化，以及光谱对比分析，在最佳实验条件下（激光脉冲能量 32 mJ、延迟时间 1.0 μs、LTSD 取 96 mm），对压片土壤样品进行定量分析，并在 LTSD 为 97 nm 时对纯铝基底的土壤样品进行定量分析。每个样品取 5 个不同的位置，每个光谱是 10 次激发信号取平均值，每个点采集 10 组光谱信号。采集土壤标样为含 Ni 浓度（0.02%、0.05%、0.35%、0.65% 和 1.15%）的 LIBS 谱线，采用谱线强度比分别建立 Ni I 373.68 nm 的定标曲线，Fe I 309.27nm 作为内标线。实验中分别测量了两种不同土壤样品中 Ni I 373.68 nm 的谱线强度，然后以 Fe I 309.27 nm 作为内标线建立基于内标法的 Ni 元素标准曲线。图 11-10 为两种土壤样品中 Ni 的内标法建立的定标曲线，压片土壤样品中 Ni 的定标曲线的相关系数 R^2 为 0.992，纯铝基底土壤样品中 Ni 的定标曲线的相关系数 R^2 为 0.997。通过计算，压片土壤样品的 Ni 元素最大相对标准偏差为 3.47%，纯铝基底土壤样品的 Ni 元素的最大标准偏差为 4.34%，可以看出，纯铝基底定标曲线中相关系数相对较高，具有一定的利用价值，但实验的稳定性较差。由于实验稳定性与土壤样品的松软程度有关，压片土壤较为紧实，纯铝基底土壤样品较差一些，因此纯铝基底土壤样品稳定性较差。

图 11-11 为两种土壤样品中 Ni 的外标法建立的定标曲线。压片土壤样品中 Ni 的定标曲线的相关系数 R^2 为 0.975，纯铝基底土壤样品中 Ni 的定标曲线的相关系数 R^2 为 0.987，对于纯铝基底样品来说，内标法更为合适。

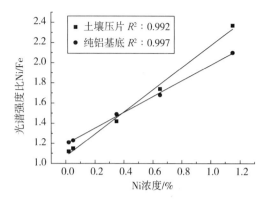

图 11-10　两种土壤样品中 Ni 元素内标法定标曲线

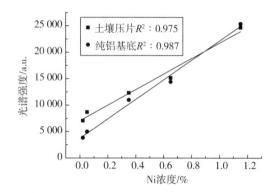

图 11-11　两种土壤样品中 Ni 元素外标法定标曲线

2）定标曲线测试结果

在最佳实验条件下对两种土壤样品中不同含量的样品（0.2%、0.85%）进行定量分析，每个样品同样采集50个光谱求平均值，选择 Ni I 373.68 nm 作为分析线。表11-9 结果表明，采用内标法对两种样品进行定量分析时的最大相对误差为6.1%、4.0%；表11-10 结果表明，采用外标法对两种样品进行定量分析时最大相对误差为10%、7.5%，因此内标法在两种不同样品中均为最优。

表 11-9　内标法对两种土壤样品进行定量分析的对比结果

Ni	标准浓度/%	实验拟合值/%	相对误差/%
土壤压片	0.2	0.21	5.0
	0.85	0.902	6.1
纯铝基底	0.2	0.192	4.0
	0.85	0.88	3.5

表 11-10　采用外标法对两种土壤样品进行定量分析的对比结果

Ni	标准浓度/%	实验拟合值/%	相对误差/%
土壤压片	0.2	0.22	10
	0.85	0.92	8.5
纯铝基底	0.2	0.2.15	7.5
	0.85	0.81	4.7

3. 实验结论

实验分别对纯铝基底土壤样品和压片土壤样品的光谱图进行了分析，发现两类土壤中波长为 373.68 nm 的 Ni 元素的特征峰，会受到 373.39 nm 处的 Al 元素的特征峰的影响。采用纯铝基底对土壤样品进行铝元素的背景扣除，在最佳实验条件下采用内标法和外标法对两种土壤样品中的 Ni 进行了定量分析，实验结果表明，内标法中扣除纯铝基底的 Ni 定标曲线的线性相关系数 R^2 为 0.997，相关性较高。但扣除纯铝基底的土壤样品谱线得到的最大标准偏差（RSD）为 4.34%，比压片土壤谱线的稳定性差，这与土壤样品的紧实度有关。两种土壤样品中 Ni 元素的模型对不同浓度的样品进行了定量测试分析。内标法中压片土壤的 Ni 元素最大相对误差为 6.1%，纯铝基底的 Ni 元素最大相对误差为 4.0%；外标法中压片土壤的 Ni 含量最大相对误差为 10%，纯铝基底的 Ni 元素最大相对误差为 7.5%。在对土壤样品中的元素进行定量分析的过程中，元素间的干扰普遍存在，特别是土壤中含量较多的 Al 元素对其他元素的影响。采用这种扣除纯铝基底的方法能有效地提高实验的检测精度。

11.5　本章小结

本章主要介绍了添加剂对基体效应的影响、金属基体辅助 LIBS 检测分析的方法以及基于背景扣除法消除土壤基底中 Al 元素干扰的定量分析。

实验一选择使用 KBr 凝结剂来改善基体效应。对比了添加 0~80% KBr 凝结剂下，样品中 Cd 元素的谱线强度及其相对标准偏差值，分析了添加 KBr 凝结剂对激光与土壤耦合效率的影响，最终确定了添加 KBr 的含量为 80%。之后对土壤样品进行 LIBS 定量分析，发现添加 KBr 凝结剂后定标曲线的中不同含量的离散程度得到了很大的改善，相关拟合系数 R^2 要远高于直接测量，且相对预测误差平均值相比于直接测量降低了 21.06%，极大地提高了定标曲线的可靠性。

实验二通过对比压片和金属基体辅助条件下 Cd I 228.8 nm 的谱线强度及等离子体电子密度，发现在金属基体辅助检查条件下的 LIBS 信号强度更高，且等离子体电子密度更大。对 Cd I 228.8 nm 进行定量分析，Cu、Al、Zn 金属基体的定标曲线相关系数 R^2 分别为 0.903、0.962 和 0.956，各数据点的离散程度相比于压片方式下得到了很大的改善，且其平均 RSD 控制在 10% 以内，表明在金属基体辅助下可以有效降低土壤中基体效应对 LIBS 定量分析结果的影响，并提高分析结果的准确性。计算了 Cd 元素的 LIBS 检测限，结果表明 LIBS 的检测限达到了 10^{-6} 量级，证明金属基体可以提高 LIBS 的检测能力。计算了 3 种金属基体的等离子体电子温度，计算结果表明 3 种金属基体的等离子体电子温度高低与其电离势的关系相对应，证明了电离势更高的金属基体具有更高的探测灵敏度。

实验三根据第 9 章实验一中提出的一种最佳实验条件确定的标准，在最佳 LTSD 及延迟时间下采用内标法建立了两种元素的定标曲线，两种元素的定标曲线中相关系数在 0.993 以上，谱线最大相对标准偏差（RSD）分别为 4.47%、4.76%，最大相对误差分别为 12%、4.8%。实验结果表明，在 LIBS 测量时，结合等离子体特征参数分析，对土壤中重金属元素定量分析具有重要意义。

实验四根据第 9 章实验二中提出的基底背景扣除法来消除土壤背景中 Al 元素对 Ni 元素的干扰。在最佳实验条件下，采用内标法和外标法对两种土壤样品中的 Ni 进行了定量分析，得到内标法中以纯铝为基底采用基底背景扣除法的土壤样品 Ni 元素的定标曲线相关性较好，相关系数 R^2 为 0.997，样品的最大标准偏差（RSD）为 4.34%。内标法中两种样品 Ni 元素最大相对误差分别为 4.0%、6.1%，外标法中两种样品 Ni 元素最大相对误差分别为 7.5%、10%。实验结果表明：通过 LIBS 技术对土壤中重金属元素进行定量分析时，在元素特征谱线有限的情况下，为避免谱线干扰，提高检测精度，采用基底背景扣除的方法能够有效地消除元素间的谱线的干扰。

第 12 章

土壤元素定量分析的优化

土壤重金属污染严重影响了我国的农业生产和食品安全，掌握重金属元素的含量及其分布是治理重金属污染的前提，因此，在对待测样品进行 LIBS 检测之后，选择合适的定量分析方法准确的分析目标元素的含量是十分重要的。

12.1 土壤元素定量分析

CF-LIBS 作为一种 LIBS 领域新兴的定量分析方法，具有无须建立定标模型的特点，解决了单变量定标曲线法和多变量算法中需要配置标准样品并对其建模的难题，并能够很好地克服基体效应和实验条件波动对检测结果带来的影响。在1999 年，Ciucci 等[242] 首次提出自由定标法的概念，其具有无须标样、分析时间短、获取结果速度快、适合现场分析等优点。根据对 LIBS 常用的定量分析方法的特点及实用性进行的对比分析，本文采用 CF-LIBS 对土壤样品中的目标元素进行定量分析，并以 ICP-MS 的检测结果作为真值进行比较。

12.2 自由定标法基本原理

自由定标方法基于两个基本假设：局部热平衡和光学薄。在此假设基础上，某种原子从上能级 k 跃迁至下能级 i 所发射谱线的线性积分强度表示为

$$I_{ki} = FC_s A_{ki} \frac{g_k e^{-E_i/k_B T}}{\lambda U_s T} \tag{12-1}$$

式中，F 为涉及接收系统的光学效率及总等离子体数密度、体积等因素的实验参数，λ_{ki} 代表波长，A_{ki} 是分析谱线的能级跃迁概率，g_k 是 k 能级简并度，$U_S(T)$ 是 S 元素在温度 T 时的配分函数，由 NIST 数据库可以查到，k_B 为玻尔兹曼常数，T 为等离子体温度。其中，F、T、C_s 通过实验结果确定，在测试过程中应保持不变，对式（12-1）整理并取对数，并设：

$$x = E_i, \quad y = I_n \frac{I_\lambda^{ki}}{g_k A_{ki}}, \quad m = \frac{-1}{k_B T}, \quad q_s = I_n \frac{FC_s}{U_s T}$$

参数 x 和 y 之间的关系可以表达为

$$y = mx + q_s \tag{12-2}$$

（E_i, $I_n \dfrac{I_\lambda^{ki}}{g_k A_{ki}}$）构成二维的玻尔兹曼平面，通过斜率 m 可以计算得到等离子体温度。通过归一化来确定实验常数 F 的值，即

$$\sum_s C_s = \frac{1}{F} \sum_s U_s(T) \mathrm{e}^{q_s} = 1 \tag{12-3}$$

最后，原子（离子）的含量便可以按照下式得出：

$$C_s = \frac{U_s(T)}{F} \mathrm{e}^{q_s} \tag{12-4}$$

12.2.1 自由定标法测定

根据上一节中的自由定标法基本理论，为检验自由定标法结果的准确性，本文首先采集了保定市城郊某废弃工厂附近的土壤样本并对其进行了实验预处理。在脉冲激光参数和光纤探头探测位置保持不变、光谱仪延迟时间为 1.2 μs、LTSD 为 99 mm 的实验条件下进行 LIBS 检测，在采集到的 LIBS 光谱信号中选取了 Cu、Fe、Pb、Hg、Mn、Ca、Cr、Ti、K 这 9 种主要引起土壤重金属污染的元素以及土壤基体 Si 元素对其进行等离子体电子温度的计算并求取平均值代表土壤等离子体电子温度，之后结合相对应的配分函数和计算得到的实验常数，最终得出土壤样品目标元素的浓度并与 ICPMS 的检测结果进行对比，表 12-1 分别是 10 种目标元素计算等离子体电子温度的谱线参数。

表 12-1　土壤元素谱线参数

	波长/nm	E_m/eV	$A_{mn}/10^7 s^{-1}$	g_m
Pb I	217.00	5.71	18.36	3
	280.21	5.74	16.08	7
	282.32	5.71	3.04	5
	283.31	4.38	5.92	3
	368.35	4.33	17.04	1
	315.88	7.05	31.17	2
	317.93	7.05	36.05	4
Ca II	370.60	6.47	8.81	2
	373.73	6.47	17.52	2
	393.36	3.15	14.70	2
	396.84	3.10	14.31	2
Hg II	249.20	16.77	7.81	8
	280.63	10.68	0.08	4
	300.43	18.05	6.52	2
Cu I	222.57	7.21	7.21	6
	229.38	6.79	5.75	4
	324.75	3.82	13.9	4
	327.39	3.78	13.8	2
	406.26	6.87	8.02	6
Fe I	237.36	5.27	0.67	7
	259.95	5.68	1.47	5
	309.12	5.02	5.40	1
	382.78	4.79	10.5	5
	413.21	4.61	1.20	7
	427.18	4.38	2.28	11

	波长/nm	E_m/eV	$A_{mn}/10^7 s^{-1}$	g_m
Cr Ⅰ	357.86	14.83	3.46	9
	359.43	14.95	3.49	7
	360.53	16.14	3.43	5
	425.43	3.41	2.91	9
	427.48	3.06	2.89	7
Si Ⅱ	385.60	10.07	4.49	4
	233.46	5.34	2.44	6
	386.26	10.06	3.91	2
	412.81	12.83	14.95	6
	462.14	15.20	1.28	6
	597.89	12.14	11.30	2
	711.34	14.62	0.54	2
Mn Ⅰ	403.31	3.08	7.02	2
	403.45	3.08	3.30	3
	475.40	4.89	3.42	7
	478.34	4.89	3.42	7
	482.35	4.89	6.41	5
Ti Ⅰ	453.32	3.58	9.78	11
	461.73	4.43	10.95	7
	462.31	4.42	10.05	4
	498.17	3.33	42.90	2
	499.95	3.30	7.91	6
K Ⅱ	342.72	26.76	1.72	5
	374.45	23.57	1.07	3
	375.66	26.76	4.44	5

根据元素的谱线参数分别拟合出 10 种元素的等离子体电子温度 Boltzmann 图，如图 12-1 所示。

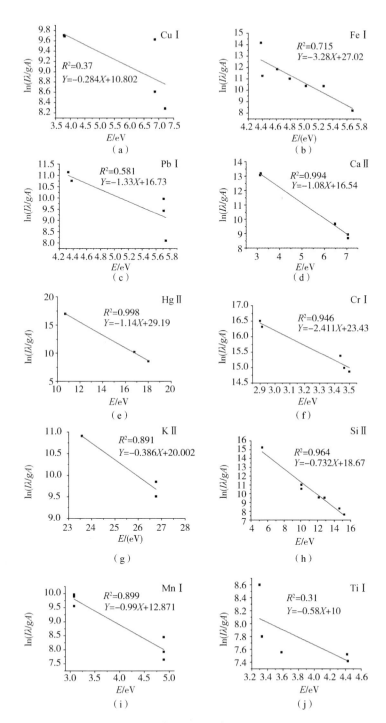

图 12-1　土壤中目标元素 Boltzmann 图

（a）Cu I；（b）Fe I；（c）Pb I；（d）Ca II；（e）Hg II；（f）Cr I；（g）K II；（h）Si II；（i）Mn I；（j）Ti I

由 Boltzmann 图可以求出斜率 $\frac{1}{k_B T}$，进而求出等离子体电子温度。经过计算，10 种元素的等离子体电子温度的平均值为 12 572 K，其代表土壤等离子体的电子温度。根据得到的等离子体电子温度 T_e 和截距 q_s 这两个值，结合式（12-3）对所有元素含量进行归一化可以计算出实验常数 F，最后，再根据式（12-4）可以求出待测元素的含量，计算结果如表 12-2 所示。

表 12-2　土壤 LIBS 定量分析结果

元素	Cu	Fe	Pb	Ca	Hg	Cr	Mn	Ti	Si	K
CF-LIBS	21.51 (mg/kg)	20.33%	7.90 (mg/kg)	15.02 (mg/kg)	0.24 (mg/kg)	69.12 (mg/kg)	0.29 (mg/kg)	0.49 (mg/kg)	31.27%	1.57%

12.2.2　ICPMS 法测定

称取三份土壤样品，每份 0.5 g，经过 200 目过目筛去除杂质后，将 HNO_3、H_2O_2 和 HF 按 6:2:2 的比例加入其中，将放置好的样品放入 170℃的微波消解仪中消解 1 h 左右，待消解罐冷却至室温后继续按比例添加酸试剂重复实验过程直至消解罐底部澄清透明，将溶液转移至容量瓶并使用少量纯水洗涤消解罐，洗涤的水溶液也倒入容量瓶中，定容稀释至固定刻度。ICPMS 的检测结果如表 12-3 所示。

表 12-3　土壤样品 ICPMS 测定目标元素含量结果

元素	Cu	Fe	Pb	Ca	Hg	Cr	Mn	Ti	Si	K
ICP-MS	25.39	17.51	9.05	17.92	0.21	79.93	0.24	0.48	30.62	2.05
	27.82	19.55	8.40	16.48	0.23	77.25	0.28	0.59	34.96	1.62
	26.14	17.72	8.38	17.05	0.22	73.79	0.26	0.55	35.13	1.52
平均浓度	26.45 (mg/kg)	18.26%	8.61 (mg/kg)	17.15 (mg/kg)	0.22 (mg/kg)	76.99 (mg/kg)	0.26 (mg/kg)	0.54 (mg/kg)	33.57 %	1.73 %

12.2.3　误差分析

真值是样品中待测元素客观存在的真实含量，但它是一个理想的概念，因为在实验过程中无法消除系统误差和偶然误差，因此，用约定真值 μ 替代。准确度是实验分析结果 x 与真值的相符度，通常用相对误差 σ 表示，σ 越小，表示实验结果的准确度越高。

$$\sigma = \frac{|x - \mu|}{\mu} \times 100\% \tag{12-5}$$

利用自由定标法对土壤中的 10 种元素进行分析，并以 ICP-MS 检测结果的平均值作为约定真值进行比较，表 12-4 为对比结果。

表 12-4　自由定标法定量分析结果的相对误差

元素	Cu	Fe	Pb	Ca	Hg	Cr	Mn	Ti	Si	K
CF-LIBS	21.51 mg/kg	20.30%	7.90 mg/kg	15.02 mg/kg	0.24 mg/kg	69.12 mg/kg	0.29 mg/kg	0.49 mg/kg	31.27%	1.57%
ICP-MS	26.45 mg/kg	18.21%	8.61 mg/kg	17.15 mg/kg	0.22 mg/kg	76.99 mg/kg	0.26 mg/kg	0.54 mg/kg	33.57%	1.73%
σ/%	18.68	11.30	8.25	12.51	9.10	10.14	11.54	11.11	6.85	9.25

由表 12-4 可知，相对误差最大的元素为 Cu 元素，其相对误差为 18.68%，相对误差最小的元素为 Si 元素，其相对误差为 6.85%，目标元素的平均相对误差为 10.87%。

通过对土壤样品里的 10 种元素含量的计算，得知虽然自由定标法的分析结果与约定真值相比，其相对误差较大，但是利用自由定标法去检测土壤中的元素含量是有效可行的。

12.3　自由定标法的优化

CF-LIBS 是假设在理想的状态下对待测样品进行定量分析的方法，其满足的理想条件包括：

（1）等离子体未发生自吸收效应，即等离子体满足光学薄的条件；

（2）等离子体中各元素的含量等同于样品中所有元素的含量；

（3）等离子体空间分布均匀且满足局部热平衡状态。

在实际的 LIBS 实验中，谱线会受到自吸收效应的影响，使得采集到的 LIBS 光谱强度要低于实际的光谱强度，进而造成等离子体电子温度的计算出现偏差。从 CF-LIBS 理论可以知道，目标元素定量分析的准确性与其谱线强度和等离子体电子温度密切相关，所以，CF-LIBS 的准确性主要受到谱线自吸收效应的影响。

为了解决自吸收效应对 LIBS 定量分析的影响，Gornushkin 等[243] 将生长曲线 COG 算法应用到自由定标法，并将分析结果的精确度提高了一个单位的数量级。Sherbini 等[244] 提出通过比较 Lorenzo 展宽和 Stark 展宽，可以对单个发射线的自吸收程度进行量化。上述的研究能够对谱线的自吸收程度进行量化评估，并对受影响的谱线进行校正。但这些算法需要获取目标元素所有的谱线参数信息且高度依赖于相应的软件，整体的运算处理过程较为复杂。

Sun 等提出 IRSAC 法[245] 校正谱线自吸收效应对 CF-LIBS 的影响，相较于上述几种方法而言，IRSAC 法更为简单且可操作性更强。IRSAC 法的主要理论为，每种待测元素均选择一条其自身的内部参考线，之后用目标元素的特征谱线与选定的内参考线的强度比值来量化谱线受到的自吸收效应影响程度，最后通过回归算法实现谱线强度的优化校正。孙兰香对铝合金和铁合金中的 Al、Cu、Fe、Mn、Ni、Cr 六种元素含量进行了计算，验证了 IRSAC 法可以有效校正自吸收效应，提高 CF-LIBS 定量分析的准确性。因此，本文选择 IRSAC 法作为自由定标法的优化方法。

12.3.1　内标线自吸收校正法理论

在上一节中，计算各元素原子或离子的等离子体温度时，发现在拟合的 Boltzmann 图中 Cu、Fe、Pb、Ti 这 4 个元素的各数据点具有很大的离散性，拟合效果较差，证明谱线受到自吸收效应的影响比较严重，采用 IRSAC 法对受到自吸收影响的谱线进行校正。首先，在 CF-LIBS 方程中加入一个自吸收系数 f_λ：

$$I_\lambda^{ij} = f_\lambda^b F C_s A_{ij} \frac{g_i}{U_s(T)} e^{-E_i/k_B T} \tag{12-6}$$

f_λ^b 是波长为 λ 的特征谱线的自吸收系数，取值在 $0 \sim 1$ 之间。$f_\lambda^b = 0$ 表示谱线发生严重自蚀，其能量沿光路被完全吸收，$f_\lambda^b = 1$ 表示谱线未发生自吸收效应。其他分析线的自吸收系数通过发射线的强度和内参考线的强度的比值获得：

$$\frac{f_\lambda^b}{f_{\lambda_R}^b} = \frac{I_\lambda^{ij} A_{mn} g_m}{I_{\lambda R}^{mn} A_{ij} g_i} e^{-\frac{E_m - E_i}{k_B T}} \tag{12-7}$$

λ_R、$f_{\lambda R}^b$ 和 $I_{\lambda R}^{mn}$ 分别代表选定的内参考线的波长、自吸收系数和谱线强度。A_{mn}、g_m 和 E_m 分别是内参考线的跃迁概率、统计权重和上能级激发能量。上能级 E_m 激发能量高、跃迁概率 A_{mn} 低的谱线基本不会受到自吸收效应的影响，即 $f_\lambda^b \approx 1$，选其作为校正自吸收的内参考线，其他特征谱线的自吸收系数可根据下式进行计算：

$$f_\lambda^b = \frac{I_\lambda^{ij} A_{mn} g_m}{I_{\lambda R}^{mn} A_{ij} g_i} e^{-\frac{E_m - E_i}{k_B T}} \tag{12-8}$$

经过自吸收校正后的谱线强度通过原始特征谱线的强度和自吸收系数的比值获得：

$$\hat{I}_\lambda^{ij} = \frac{I_\lambda^{ij}}{f_\lambda^b} = \frac{I_{\lambda R}^{mn} A_{ij} g_i}{A_{mn} g_m} e^{E_m - E_i/k_B T} \tag{12-9}$$

通过式（12-9），可实现分析谱线的自吸收校正。

12.3.2　土壤元素定量分析结果优化

为了校正自吸收效应对谱线强度的影响，本实验针对 Cu、Fe、Pb、Ti 这 4 个拟合 Boltzmann 图离散程度较大、拟合系数较低的元素进行校正，根据选取内参考线的原则，选择的内参考线分别为 Cu Ⅰ 222.57 nm、Fe Ⅰ 340.33 nm、Pb Ⅰ 367.15 nm、Ti Ⅱ 376.00 nm。校正后的 Boltzmann 图如图 12-2 所示。

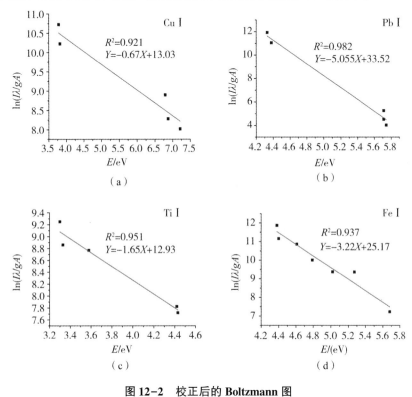

图 12-2　校正后的 Boltzmann 图

（a）Cu I；（b）Pb I；（c）Ti I；（d）Fe I

由图 12-2 可知，在经过 IRSAC 校正法校正自吸收后，Cu、Fe、Pb、Ti 这 4 种元素的 Boltzmann 点离散程度得到了很大的改善，使分散的 Boltzmann 点分布更加规整，相关拟合系数也得到了提高，经过自吸收校正后的目标元素等离子体电子温度的平均值为 14 026 K，其代表经过校正后的土壤等离子体的电子温度值。表 12-5 为校正自吸收效应后，土壤中的目标元素定量分析的结果，并与 ICP-MS 的检测结果作比较。

表 12-5 校正自吸收效应后的定量分析结果

元素	Cu	Fe	Pb	Ca	Hg	Cr	Mn	Ti	Si	K
ICP-MS	26.45 (mg/kg)	18.26%	8.61 (mg/kg)	17.15 (mg/kg)	0.22 (mg/kg)	76.99 (mg/kg)	0.26 (mg/kg)	0.54 (mg/kg)	33.57%	1.73%
CF-LIBS	24.82 (mg/kg)	19.44%	8.97 (mg/kg)	16.23 (mg/kg)	0.23 (mg/kg)	73.86 (mg/kg)	0.28 (mg/kg)	0.52 (mg/kg)	32.61%	1.61%
σ /%	6.16	6.46	4.18	5.36	4.55	4.10	7.69	3.71	2.86	6.94

计算结果表明，IRSAC 法可以有效地减小自吸收效应对 CF-LIBS 定量分析结果产生的影响，校正后的土壤分析元素的相对误差均在 8% 以内，平均相对误差为 5.21%，CF-LIBS 的准确性得到了显著的提高。

12.4 本章小结

本章首先介绍了 LIBS 技术常用的定量分析方法，经过比较分析选择了自由定标法来计算土壤样品中待测元素的含量。并将分析结果与 ICP-MS 的检测结果作对比，来对自由定标法定量分析的可靠性进行验证，结果表明目标元素的平均相对误差为 10.87%。之后为了提高 CF-LIBS 定量分析结果的准确性，使用自吸收校正法理论结合自由定标法对土壤样品中的待测元素进行了再次分析，分析结果表明 10 种待测元素的平均相对误差降低至 5.21%，证明自吸收校正法理论结合自由定标法可以有效地提高元素定量分析的准确性。

参考文献

［1］Schilt S, Thévenaz L, Niklès M, et al. Ammonia monitoring at trace level using photoacoustic spectroscopy in industrial and environmental applications ［J］. Spectrochim, Acta A, 2004, 60 (14)：3259-3268.

［2］Szakáll M, Bozóki Z, Mohácsi Á, et al. Diode laser based photoacoustic water vapor detection system for atmospheric research ［J］. Applied Spectroscqy, 2004, 58 (7)：792-798.

［3］S. S. Nadadur, J. W. Hollingsworth. Air pollution and health effects ［M］. New York：Humana Press, 2015.

［4］张芳. 大气 CO_2、CH_4 和 CO 浓度资料再分析及源汇研究 ［D］. 北京：中国气象科学研究院, 2011.

［5］潘家华. 碳排放交易体系的构建、挑战与市场拓展 ［J］. 中国人口·资源与环境, 2016, 26 (8)：1-5.

［6］姚波, 黄建青, 周凌晞, 等. 大气 CO_2、CH_4、CO 高精度观测混合标气配制方法 ［J］. 环境化学, 2013, 32 (2)：307-312.

［7］陈碧辉, 李跃清, 何光碧, 等. 温室气体源汇及其对气候影响的研究进展 ［J］. 成都信息工程学院学报, 2006, 21 (1)：123-127.

［8］邓秋静, 吴丰昌, 谢锋. 工业污染对农业土壤重金属富集的初步研究 ［J］. 贵州农业科学, 2009, 37 (9)：240-243.

［9］李玉双, 胡晓钧, 宋雪英, 等. 城市工业污染场地土壤修复技术研究进展 ［J］. 安徽农业科学, 2012, 40 (10)：6119-6122.

［10］顾莹莹, 付融冰, 李鸿江. 柠檬酸工业废水强化镉污染土壤的电化学法修复 ［J］. 化工学报, 2014, 65 (08)：3170-3177.

［11］徐友宁, 张江华, 柯海玲, 等. 某金矿区农田土壤重金属污染的人体健康风险 ［J］. 地质通报, 2014, 33 (08)：1239-1252.

［12］姜林, 彭超, 钟茂生, 等. 基于污染场地土壤中重金属人体可给性的健康风险评价 ［J］. 环境科学研究, 2014, 27 (04)：406-414.

［13］王秀丽, 徐建民, 姚槐应, 等. 重金属铜、锌、镉、铅复合污染对土壤环境微生物群落的影响 ［J］. 环境科学学报, 2003 (01)：22-27.

［14］董文洪, 杨海, 令狐文生. 土壤重金属污染及修复技术研究进展 ［J］. 化学

试剂，2016，38（12）：1170-1174.

［15］刘鸿志，卢雪云. 中外河流水污染治理比较［J］. 世界环境，2001（04）：27-30.

［16］吴凤鸣. 水资源现状及其战略意义［J］. 科学新闻，2001（47）：24.

［17］刘洁，冯银厂，朱坦. 总量控制在环境管理中应用［J］. 城市环境与城市生态，2003（01）：59-61.

［18］王华山. 燃煤电站烟气 SO_2 和 NO 气体浓度在线监测技术的研究［D］. 哈尔滨：哈尔滨工业大学，2010.

［19］Chen J，Li C，Zhou M，et al. Measurement of CO_2 concentration at high-temperature based on tunable diode laser absorption spectroscopy［J］. Infrared Physics & Technology，2017，80：131-137.

［20］Xu L，Liu C，Jing W，et al. Tunable diode laser absorption spectroscopy-based tomography system for on-line monitoring of two-dimensional distributions of temperature and H_2O mole fraction［J］. Review of Scientific Instruments，2016，87（1）：013101.

［21］Axelsson H，Edner H，Bo G，et al. Differential optical absorption spectroscopy（DOAS）measurements of ozone in the 280-290 nm wavelength region［J］. Applied Spectroscopy，1990，44（10）：1654-1658.

［22］Volkamer，Rainer. DOAS measurement of glyoxal as an indicator for fast VOC chemistry in urban air［J］. Geophysical Research Letters，2005，32（8）：L08806.

［23］Han G，Zhang M，Cui X，et al. A ground-based differential absorption lidar for atmospheric CO_2 detection［C］. Geoscience & Remote Sensing Symposium. IEEE，2016.

［24］Kruer-Zerhusen N，Cantero-Tubilla B，Wilson DB. Characterization of cellulose crystallinity after enzymatic treatment using Fourier transform infrared spectroscopy（FTIR）［J］. Cellulose，2017，25（4）：1-12.

［25］Jackson M，Mantsch HH. The use and misuse of FTIR spectroscopy in the determination of protein structure［J］. Crc Critical Reviews in Biochemistry，1995，30（2）：95-120.

［26］Wang Q，Wang Z，Chang J，et al. Fiber-ring laser-based intracavity photoacoustic spectroscopy for trace gas sensing［J］. Optics Letters，2017，42（11）：2114.

［27］Lu Y，Du C，Yu C，et al. Classifying rapeseed varieties using Fourier transform infrared photoacoustic spectroscopy（FTIR-PAS）［J］. Computers & Electronics in Agriculture，2014，107：58-63.

［28］ Blume NGr，Ebert V，Dreizler A，et al. Broadband fitting approach for the ap-plication of uppercutting broadband laser absorption spectroscopy to combustion en-vironments［J］. Measurement Science & Technology，2016，27（1）：015501.

［29］ 李志富，陈建平. 分析化学［M］. 武汉：华中科技大学出版社，2015.

［30］ 牟锟. 微波消解——原子吸收光谱法、原子荧光光谱法测定锌精矿中锌、镉及汞含量［D］. 新疆：石河子大学，2014.

［31］ 王莉，鲁刚. 光的干涉和衍射探讨［J］. 高师理科学刊，2009（03）.

［32］ 郭剑伟. 对硫化氢的应急检测方法的研究——硫化氢被动式检气管法［D］. 广东：广东工业大学，2005.

［33］ 刘秀英. 环境监测［M］. 北京：高等教育出版社，2004.

［34］ 李颖，付金宇，侯永超. 有害气体检测的电化学技术的应用发展［J］. 科学技术与工程，2018（03）.

［35］ 王昕. 高效液相色谱研究进展［J］. 光明中医，2011（01）.

［36］ Werle P. A review of recent advances in semiconductor laser based gas monitors［J］. Spectrochimica Acta Part，1998，54（2）：197-236.

［37］ Reid J，Labrie D. Second-harmonic detection with tunable diode lasers —— Compar-ison of experiment and theory［J］. Applied Physics，1981，26（3）：203-210.

［38］ Chan K P. Optical remote monitoring of CH_4 gas using low-loss optical fiber link and InGaAsP light-emitting diode in 1.33 μm region［J］. Applied Physics Let-ters，1983，43（7）：634-636.

［39］ Bergamaschi P，Schupp M，Harris GW. High－precision direct measurements of $^{13}CH_4/^{12}CH_4$ and $^{12}CH_3D/^{12}CH_4$ ratios in atmospheric methane sources by means of a long-path tunable diode laser absorption spectrometer［J］. Appl Opt，1994，33（33）：7704-7716.

［40］ Sirju A P，Shepson P B. Laboratory and field investigation of the DNPH cartridge technique for the measurement of atmospheric carbonyl compounds［J］. Environ-mental Science & Technology，1995，29（2）：384-392.

［41］ Weldon V，O'Gorman J，Phelan P. H_2S and CO_2 gas sensing using DFB laser diodes emitting at 1.57 μm［J］. Sensors and Actuators，1995，29（13）：101-107.

［42］ Nakaya T，Kobayashi K，Akagi T. Continuous monitoring of the methane concen-tration in the atmosphere by IR spectrometry with 1.66 μm diode laser［J］. Ana-lytical Sciences，2000（6）：1211-1214.

［43］ Barbu T L，Vinogradov I，Durry G. TDLAS a laser diode sensor for the in situ monitoring of H_2O，CO_2 and their isotopes in the Martian atmosphere［J］.

Advances in Space Research, 2006, 38（4）：718-725.

［44］ Rice C A, Gross K C, Perram G P. Investigation of atmospheric using open-path tunable diode laser absorption spectroscopy ［J］. Applied Physics B, 2013, 111 （2）：173-182.

［45］ Bolshov M A, Kuritsyn Y A, Romanovskii Y V. Tunable diode laser spectroscopy as a technique for combustion diagnostics ［J］. Spectrochimica Acta Part B Atomic Spectroscopy, 2015, 106：45-66.

［46］ David Brueckner, Anna Solokhina, Stephan Krähenbühl, Olivier Braissant. A com-bined application of tunable diode laser absorption spectroscopy and isothermal micro-calorimetry for calorespirometric analysis ［J］. Journal of Microbiological Methods, 2017, 139：210.

［47］ Qu Z C, Holmgren P, Skoglund N, et al. Distribution of temperature, H_2O and atomic potassium during entrained flow biomass combustion - Coupling in situ TD-LAS with modeling approaches and ash chemistry ［J］. Combust Flame, 2018, 188：488-497.

［48］ 阚瑞峰, 刘文清, 张玉钧, 等. 基于可调谐激光吸收光谱的大气甲烷监测仪 ［J］. 光学学报, 2006, （01）：67-70.

［49］ 顾海涛, 王欣, 王健, 等. 基于半导体激光吸收谱的在线 CO 和 CO_2 浓度同时测量技术 ［J］. 光电子激光, 2009, 20（8）：1070-1072.

［50］ 张怀林. 基于波长调制光谱的呼吸气体检测技术研究 ［D］. 南昌：南昌航空大学, 2019.

［51］ 李彬, 刘慧芳, 何启欣, 等. 基于 1 654 nm 分布反馈激光器的甲烷检测系统 ［J］. 光谱学与光谱分析. 2016, 36（1）：20-26.

［52］ He Q X, Zheng C, Liu H, et al. A near-infrared acetylene detection system based on a 1. 534 μm tunable diode laser and a miniature gas chamber ［J］. Infra-red Physics & Technology, 2017, 75：93-99.

［53］ 顾利帅, 裴彦军, 王立娜, 等. TDLAS 一氧化碳检测系统 ［J］. 舰船科学技术, 2019, 41（09）：134-137.

［54］ 钟笠, 宋迪, 焦月, 等. 具有复杂光谱特征的丙烯气体的 TDLAS 检测技术研究 ［J］. 中国光学, 2020, 13（05）：1044-1054.

［55］ Wang Y, Nikodem M, Wysocki G. Cryogen-free heterodyne-enhanced mid-infrared Faraday rotation spectrometer ［J］. Opt Express, 2013, 21（1）：740-755.

［56］ 刘春, 吴晓玲, 刘文清. 数字信号处理技术在气体检测中的应用 ［J］. 电子测量与仪器学报, 2011（06）：553-557.

［57］ 胡莉军, 任向红, 董超. 长光程吸收池在气体浓度光谱检测中的应用研究

[J]. 红外, 2016, 37 (01): 7-13, 30.

[58] Yao L, Liu W, Liu J, et al. Research on open-path detection for atmospheric trace gas CO based on TDLAS [J]. Chinese Journal of Lasers, 2015, 42 (2): 305-312.

[59] Hinkley E D. High-resolution infrared spectroscopy with a tunable diode laser [J]. Applied Physics Letters, 1970, 16 (9): 351-354.

[60] Reid J, Shewchun J, K G B. High sensitivity pollution detection employing tunable diode lasers [J]. Appl. Opt, 1978, 17 (2): 300-304.

[61] Gabriel S, Janis A, Ulf G, et al. Long-path monitoring of NO_2 with a 635 nm diode laser using frequency-modulation spectroscopy [J]. Applied Optics, 2005, 44 (24): 5148-5151.

[62] Lins B, Zinn P, Engelbrecht R, et al. Simulation-based comparison of noise effects in wavelength modulation spectroscopy and direct absorption TDLAS [J]. Applied Physics B Lasers & Optics, 2010, 100 (2): 367-376.

[63] 卢伟业, 朱晓睿, 李越胜, 等. TDLAS 直接吸收法和波长调制法在线测量 CO_2 的比较 [J]. 红外与激光工程, 2018, 47 (07): 155-160.

[64] Platt U, Perner D, Pätz HW. Simultaneous measurement of atmospheric CH_2O, O_3, and NO_2 by differential optical absorption [J]. Journal of Geophysical Research Oceans, 1979, 84, C10.

[65] Edner H, Sunesson A, Svanberg S, et al. Differential optical absorption spectroscopy system used for atmospheric mercury monitoring [J]. Applied Optics, 1986, 25 (3): 403-409.

[66] Meinen J, Thieser J, Platt U, et al. Technical note: using a high finesse optical resonator to provide a long light path for differential optical absorption spectroscopy: CE-DOAS [J]. Atmospheric Chemistry and Physics, 2010, 10 (8): 3901-3914.

[67] Edner H, Ragnarson P, Spannare S, et al. Differential optical absorption spectroscopy (DOAS) system for urban atmospheric pollution monitoring [J]. Applied Optics, 1993, 32 (3): 327-333.

[68] Brauers T, Hausmann M, Brandenburger U, et al. Improvement of differential optical absorption spectroscopy with a multichannel scanning technique [J]. Applied Optics, 1995, 34 (21): 4472-4479.

[69] Stutz J, Platt U. Numerical analysis and estimation of the statistical error of differential optical absorption spectroscopy measurements with least-squares methods [J]. Applied Optics, 1996, 35 (30): 6041-6053.

[70] Maurellis A. N., Lang R, Van Der Zande W. J.. A new DOAS parameterization

for retrieval of trace gases with highly - structured absorption spectra [J]. Geophysical Research Letters, 2000, 27 (24): 4069-4072.

[71] 李素文, 谢品华, 李玉金, 等. 基于小波变换的差分吸收光谱数据处理方法 [J]. 光学学报, 2006, 26 (11): 1601-1604.

[72] 李素文, 刘文清, 谢品华, 等, 长程差分吸收光谱技术气体浓度反演误差的定量估计 [J]. 光谱学与光谱分析, 2007, 27 (7): 1254-1258.

[73] 李素文, 刘文清, 谢品华. 基于卡尔曼滤波的差分光学吸收光谱法 [J]. 华南理工大学学报: 自然科学版, 2006, 34 (10): 113-116.

[74] 张寅超, 胡欢陵, 邵石生, 等. 北京市大气 SO_2、NO_2 和 O_3 的激光雷达监测实验 [J]. 量子电子学报, 2006, 23 (3): 346-350.

[75] 汤光华, 许传龙, 邵理堂, 等. 基于遗传算法的差分吸收光谱反演算法及实验研究 [J]. 工程热物理学报, 2008, 29 (3): 456-460.

[76] 吴丰成, 李昂, 谢品华, 等. 城市污染气体分布的车载被动差分光学吸收光谱遥测技术研究 [J]. 光谱学与光谱分析, 2011, 31 (3): 583-588.

[77] 董威, 胡肇焜, 李昂, 等, 车载被动 DOAS 遥测钢铁企业分装置排放通量 [J]. 量子电子学报, 2015, 32 (5): 627-634.

[78] 曾议, 桂利佳, 赵晓翔, 等. 星载差分吸收光谱仪热设计与试验研究 [J]. 大气与环境光学学报, 2015 (6): 488-494.

[79] Roscoe H. K, Clemitshaw K. C, Measurement techniques in gas - phase tropospheric chemistry: A selective view of the past, present, and future [J]. Science, 1997, 276 (5315): 1065-1072.

[80] Platt U, Stutz J. Differential absorption spectroscopy [J]. Springer, 2008: 135-174.

[81] 林攀攀. 基于 LED 差分吸收光谱技术的大气 NO_2 浓度测量研究 [D]. 淮南: 安徽理工大学, 2016.

[82] Rothe K, Brinkmann U, Walther H. Applications of tunable dye lasers to air pollution detection: Measurements of atmospheric NO_2 concentrations by differential absorption [J]. Applied Physics, 1974, 10 (9): 115-119.

[83] Killinger D K, Menyuk N, Defeo W E. Experimental comparison of heterodyne and direct detection for pulsed differential absorption CO_2 lidar [J]. Applied Optics, 1983, 22 (5): 682-689.

[84] Butler C. Theory and operation of the real - time data acquisition system for the NASA-LaRC differential absorption lidar (DIAL) [R]. NTRS, 1986.

[85] Hawley J G, Fletcher L D, Wallace G F. Ground-based ultraviolet differential absorption lidar (DIAL) system and measurements (with 6 figures) [J]. Optical& Laser Remote Sensing, 1983, 39: 128-137.

［86］ 胡欢陵，王志恩. 紫外差分吸收激光雷达测量平流层臭氧［J］. 大气科学，1998，22（5）：701-708.

［87］ 胡顺星，胡欢陵，周军，等. 差分吸收激光雷达测量对流层臭氧［J］. 激光技术，2001，25（6）：406-409.

［88］ 刘小勤，张寅超，胡欢陵，等. 用车载差分吸收激光雷达系统遥测二氧化硫［J］. 红外与激光工程，2005，34（2）：151-163.

［89］ 陈亚峰，王晓宾，刘秋武，等. 车载二氧化硫差分吸收激光雷达系统［J］. 光子学报，2017，46（7）：29-35.

［90］ 刘豪. 大气二氧化碳探测差分吸收激光雷达技术研究［D］. 上海：中国科学院研究生院（上海技术物理研究所），2015.

［91］ 洪光烈，李嘉唐，孔伟，等. 935 nm 差分吸收激光雷达系统及对流边界层水汽廓线探测［J］. 光学学报，2017（2）：17-25.

［92］ 胡顺星，陈亚峰，刘秋武，等. 差分吸收激光雷达系统探测背景大气 SO_2 和 NO_2［J］. 中国激光，2018（9）：113-118.

［93］ 刘咏，孙庆国，王烨芳，等. 基于差分吸收激光雷达的危险气体光学遥测技术［C］. 第35届中国气象学会年会，2018.

［94］ 高闽光，刘文清，张天舒. FTIR 被动遥测热烟羽中污染气体［J］. 光谱学与光谱分析，2006（1）：49-52.

［95］ 单昌功. 基于地基高分辨率傅里叶变换红外光谱技术研究大气 CO_2 时空分布和变化特征［D］. 合肥：中国科学技术大学，2019.

［96］ 高明亮. 基于傅里叶变换红外光谱技术的多组分气体定量分析研究［D］. 合肥：中国科学技术大学，2010.

［97］ 杜建华，张认成. 火灾控测器的研究现状与发展趋势［J］. 消防技术与产品信息，2004（7）：10-15.

［98］ 徐亮，刘建国，高闽光，等. 开放式长光程傅里叶变换红外光谱系统在环境气体分析中的应用［J］. 光谱学与光谱分析，2007，27（3）：448~451.

［99］ 徐亮. 大气痕量气体的主动 FTIR 光谱分析方法及应用研究［D］. 合肥：中国科学院合肥物质科学研究院，2007.

［100］ Walczak B，Bogaert B，Massart D L. APPlication of wavelet packet transform in pattern recognition of near-IR data［J］. Analytical Chemistry，2006，68（10）：1742-1747.

［101］ Barclay V J，Bonner R F. Application of wavelet transforms to experimental spectra：smoothing，denoising，and data set compression［J］. Analytical Chemistry，2005，69（9）：78.

［102］ Jouan-Rimbaud D，Walczak B，Poppi R J，et al. Application of wavelet transform to extract the relevant component from spectral data for multivariate calibr [J]. Analytical Chemistry, 2007, 69 (21): 4317-4323.

[103] Collantes E R, Duta R, Welsh W J, et al. Preprocessing of HPLC trace impurity patterns by wavelet packets for pharmaceutical fingerprinting using artificial neural networks [J]. Analytical Chemistry, 2004, 69 (7): 1392-1397.

[104] 杜文, 任建新, 张文利, 等. 小波变换光谱前处理提高近红外分析模型的转移性能 [J]. 中国烟草学报, 2005, 11 (5): 9-18.

[105] 王洪, 司圣柱, 能建辉. 红外光谱数据的小波压缩和重建 [J]. 高等学校化学学报, 2005, 17 (10): 1537-1540.

[106] Blanco M, Alcala M. Simultaneous quantitation of five active principles in a pharmaceutical preparation: development and validation of a near infrared spectros-copic method [J]. Eru. J. Pharm Sci, 2006, 27 (2): 280-286.

[107] Fu X P, Ying Y B, ZhouY, et al. Application of probabilistic neural networks in qualitative analysis of near infrared spectra: determination of producing areaand variety of loquats [J]. Analytica Chimica Acta, 2006, 52 (8): 521-525.

[108] Prats-Montal J M, Fetter A, Malo J L, et al. Comparison of different discriminant analysis techniques in a steel industry welding process [J]. Chemom. Intell. Lab. Syst, 2006. 80: 109-119.

[109] 何勇, 冯水娟, 李晓丽. 应用近红外光谱快速鉴别酸奶品种的研究 [J]. 光谱学与光谱分析, 2006, 26 (11): 2021-2023.

[110] 黄敏, 何勇, 岑海燕. 应用可见一近红外光谱技术快速无损鉴别婴幼儿奶粉品种 [J]. 光谱学与光谱分析, 2007, 27 (5): 916-920.

[111] Kerr E, Atwood J. The laser illuminated absorptivity spectrophone: a method for measurement of weak absorptivity in gases at laser wavelengths [J]. Applied optics, 1968, 7: 915-921.

[112] Wattamaniuk J, Kruezer J, Adler G. Determination of phonon spectra of normal metals from inelastic electron tunneling [J]. Physics Letters A, 1971, 37 (1): 7-8.

[113] Harren F. J. M, Reuss J. Wolteting E. J, et al. Photoacoustie measures of agheultTally interesting gases, deteetion of CaH, below the ppb level [J]. APPI. Spectroscopy, 1990, 44: 1360-1361.

[114] Bijnen F J. C, Reuss J, Harren F. J. M. Geometrcal optimization of a longltodinal photoaeoustic spectrometer for trace gas analysis [J]. Rev. Sei. Instrum, 1996, 67 (11): 4000-4004.

[115] 陈传文, 刘耀田, 明长江. CO_2 激光光声光谱仪的研制 [J]. 中国激光,

1981 (4) 54-55.

[116] 于清旭, Comelia F, Markus S. 基于差频激光源的微量气体光声光谱检测系统 [J]. 光电子激光, 2001, 12 (9): 923-926.

[117] 王书涛, 车仁生, 王玉田, 等. 基于光声光谱法的光纤气体传感器研究 [J]. 中国激光, 2004, 31 (8): 979-982.

[118] 曹晔, 张光友, 土力, 等. 开放光路傅里叶变换红外光谱技术实时检测偏二甲肼和二氧化氮气体 [C]. 中国化学会第九届全国仪器分析及样品预处理学术研讨会, 2017: 91-96.

[119] Zhang H, Tian C, Wang Z, et al. Trace double-component gas sensor in photoacoustic spectroscopy based on frequency division multiplexing [J]. Optical and Quantum Electronics, 2019, 51 (8): 268.

[120] Guo M, Chen K, Gong Z, et al. Trace ammonia detection based on near-infrared fiber-optic cantilever-enhanced photoacoustic spectroscopy [J]. Photonic Sensors, 2019, 9 (4): 293-301.

[121] Alfano, Shaprio. Emission in the region 4000-7000Å via four-photon coupling in glass [J]. Phys. Rev. Lett., 1970, 24 (11): 584-587.

[122] Nowak G A, Jaeyoun K. Stable supercontinuum generation in short lengths of conventional dispersion-shifted fiber [J]. APPI. OPt., 1999, 38 (36): 7364-7369.

[123] Ranka J K, Windeler R S, Stentz A J. Visible continuum generation in air-silica microstructure optical fibers with anomalous dispersion at 800 nm [J]. Opt. Lett., 2000, 25 (1): 25-27.

[124] Nicholson J W, Yan M F, Wisk P, et al. All-fiber, octave-spanning supercontinuum [J]. Opt. Lett., 2003, 28 (8): 643-645.

[125] Hori T, Nishizaw N. Experimental and numerical analysis of widely broadened supercontinuum generation in highly nonlinear dispersion-shifted fiber whith a femtosecond pulse [J]. Opt. Soc. Am. B, 2004, 21 (11): 1969-1980.

[126] Travers J C, Popov S V, Taylor J R. Extended blue supercontinuum generation in cascaded holey fibers [J]. Optics Letters, 2006, 30 (23): 3132-3134.

[127] Brown D M, Shi K, Liu Zf, et al. Long-path supercoatinuum absorption spectroscopy for measurement of atmospheric constituents [J]. Opt Exp., 2008, 16 (12): 8457-8471.

[128] Brown D M, Liu Z, Philbrick C II. Supercontinuum lidar applications for measurements of atmospheric constituents [C]. Proa SPIE Laser Radar Technology and Applications XII, 2008, 6950: 69500B-69500B-11.

［129］ Cumberlan B A, Travers J C. 29 W High power CW supercontinuum source ［J］. Optics Express, 2008, 16（8）: 5954-5962.

［130］ Bethge J, Husakou A, Mitschke F, et al. Two - octave supercontinuum generation in a water-filled photonic crystal fiber ［J］. Optics Express, 2010, 18（6）: 6230-6240.

［131］ Liang W, Xia H, Li J, et al. Human adipose tissue derived mesenchymal stem cells are resistant to several chemotherapeutic agents ［J］. Cytotechnology, 2011, 63（5）: 523-530.

［132］ Facão M, Carvalho M I, Fernandes G M, et al. Continuous wave supercontinuum generation pumped in the normal group velocity dispersion regime on a highly nonlinear fiber ［J］. Jounal of the Optical Society of America B, 2013, 30（4）: 959-966.

［133］ Churin D, Nguyen T N, Kieu K, et al. Mid-IR supercontinuum generation in an integrated liquid-core optical fiber filled with CS_2 ［J］. Optical Materials Express, 2013, 3（9）: 1358-1364.

［134］ 李晓青, 张书敏, 李丹. 光子晶体光纤中超连续谱产生的理论与实验研究 ［J］. 光子学报, 2006, 52（6）: 1255-1259.

［135］ Xia C, Xu Z, Islam M N, et al. 10. 5 W time-averaged power mid-ir supercontinuum generation extending beyond 4m with direct pulse pattern modulation ［J］. IEEE Journal of Selected Topics in Quantum Electronics, 2009, 15（2）: 422-431.

［136］ 方晓惠, 王清月, 刘俊杰, 等. 3. 95 W 高功率超连续光谱产生的实验研究 ［J］. 中国激光, 2010（6）: 1586-1587.

［137］ 谌鸿伟, 韦会峰, 刘通, 等. 七芯光子晶体光纤中百瓦量级超连续谱的产生 ［J］. 物理学报, 2014, 63（04）: 5-9.

［138］ 高静. 可调谐锁模光纤激光器泵浦的超连续谱光源 ［J］. 光学精密工程, 2018, 26（01）: 25-30.

［139］ Yang W, Zhang B, Xue G, et al. Thirteen watt all-fiber mid-infrared supercontinuum generation in a single mode ZBLAN fiber pumped by a 2 μm MOPA system ［J］. Opt. Lett., 2014, 39（7）: 1849-1852.

［140］ Jiang X, Joly N Y, Finger M A, et al. Deep-ultraviolet to mid-infrared supercontinuum generated in solid-core ZBLAN photonic crystal fibre ［J］. Nat Photonics, 2015, 9: 133-139.

［141］ Xin Z, Jian W, Wang X, et al. An all-fiber supercontinuum laser source with high power of 30. 4 W and ultra-wide spectrum of 385-2400 nm ［C］. Cleo:

Science & Innovations, 2016.

［142］李红莲. 差分吸收光谱环境监测中的几个关键问题研究［D］. 天津：天津大学，2014.

［143］余春日，崔执凤，汪荣凯. 双原子分子电子光谱的振动结构分析［J］. 光谱学与光谱分析，2006，26（6）：1012-1017.

［144］张建奇，方小平. 红外物理［M］. 西安：西安电子科技大学出版社，2004.

［145］陈衡. 红外物理学［M］. 北京：国防工业出版社，1985.

［146］李春光. 基于中红外半导体激光器的气体检测系统的研制［D］. 长春：吉林大学，2016.

［147］Herzberg G. Molecular spectra and molecular structure, vol. Ⅱ-Infrared and Raman spectra of polyatomic molecules［M］. Krieger：Malabar，1991.

［148］K H R. ME364：introduction to spectroscopy and laser diagnostics for gases［M］. San Fransiscol：Stanford University，2006.

［149］宋俊玲. 燃烧场吸收光谱断层诊断技术［G］. 北京：国防工业出版社，2014.

［150］Schiff H I, Mackay G I, Bechara J. The use of tunable diode laser absorption spectroscopy for atmospheric measurements［J］. Research on Chemical Intermediates，1994，20（3-5）：525-526.

［151］Rieker G B, Jeffries J B. Calibration-free wavelength-modulation spectroscopy for measurements of gas temperature and concentration in harsh environments［J］. Appl. Opt.，2009，48（29）：5546-5560.

［152］Bolshov M A, Kuritsyn Y A, Romanovskii Y V. Tunable diode laser spectroscopy as a technique for combustion diagnostics［J］. Spectrochimica Acta Part B-Atomic Spectroscopy，2015，106：45-66.

［153］Jason J, Nikkari, Joanna M, et al. In situcombustion measurements of CO, H_2O, and temperature with a 1580 nm diode laser and two-tone frequency modulation［J］. Applied Optics，2002，41（3）：442-452.

［154］周敏强，张兴赢，等. HITRAN 数据库对卫星 1.6 μm 通道 CO_2 辐射传输特性计算的影响［J］. 遥感学报，2014，18（5）：1003-1009.

［155］潘卫东. 基于 TDLAS 的痕量乙烯气体检测技术研究［D］. 哈尔滨：哈尔滨工业大学，2013.

［156］郭媛. TDLAS 气体检测仪器的研制及算法研究［D］. 天津：天津大学，2013.

［157］赵远，张宇. 光电信号检测原理与技术［M］. 北京：机械工业出版社，2005.

［158］ Han J H, Park S W. Effect of temperature and injection current on character-istics of TO-CAN packaged Fabry-Perot laser diode ［J］. Current Appl. Phys, 2007, 7 (1): 6-9.

［159］ 刘景旺, 杜振辉, 李金义, 等. DFB 激光二极管电流-温度调谐特性的解析模型 ［J］. 物理学报, 2011, 60 (7): 074213.

［160］ Wang H, Zhang Y, Wu S. Using broadband absorption spectroscopy to measure concentration of sulfur dioxide ［J］. Applied Physics B, 2010, 100 (3): 637-641.

［161］ Song F, Xu C, Wang S. UV differential optical absorption method for measuring sulfur content in coal ［J］. Measurement Science and Technology, 2012, 23 (2): 25501.

［162］ Barman I, Dingari N C, Rajaram N. Rapid and accurate determination of tissue optical properties using least-squares support vector machines ［J］. Biomedical Optics Express, 2011, 2 (3): 592.

［163］ Sigrist M W, Air monitoring by spectroscopic techniques ［M］. New York: A Wiley-Interscience Publication, 1999, 282-297.

［164］ 张鹤鹑, 陈功锡, 袁志忠. ICP-MS 法测定酒鬼酒生态工业园区土壤中 6 种重金属元素 ［J］. 湖南师范大学自然科学学报, 2013, 36 (03): 51-55.

［165］ Prioteasa L, Prodana M, Buzoianu M, et al. ICP-MS determination of some metals and metalloids concentrations in soil from agricultural and inhabited areas of Romania ［J］. Revista de Chimie, 2016, 67 (7): 1314-1317.

［166］ 胡巍, 席文杰, 徐揭. 电感耦合等离子体质谱法 (ICP-MS) 测量土壤中镉的含量 ［J］. 江西化工, 2018 (06): 61-62.

［167］ 李方明, 唐富江, 杨程皓, 等. 快速微波消解-原子荧光光谱法测定土壤砷汞的含量 ［J］. 化学研究与应用, 2018, 30 (08): 1362-1366.

［168］ 陈金凤. 微波消解-原子荧光法测定土壤中的砷 ［J］. 环境与发展, 2019, 31 (10): 105-108.

［169］ 郝聪聪, 邢培哲, 毛雪飞, 等. 催化热解-金汞齐原子荧光法快速测定农田土壤中痕量汞 ［J］. 农产品质量与安全, 2019 (06): 16-20.

［170］ 张景辉. 悬浊液进样石墨炉原子吸收光谱法测定土壤中铅 ［J］. 科学技术创新, 2018 (32): 25-26.

［171］ 何锦强. 原子吸收光谱法测定土壤重金属含量实验 ［J］. 能源与环境, 2018 (02): 85-88.

［172］ 黎红波, 朱言, 张代云, 等. 石墨炉原子吸收光谱法连续测定土壤中银和镉 ［J］. 云南地质, 2019, 38 (03): 381-386.

［173］ 沈亚婷. 原位微区同步辐射 X 射线荧光和近边吸收谱研究拟南芥幼苗及根

际土壤中铅分布与形态特征［J］. 光谱学与光谱分析，2014，34（03）：818-822.

［174］ 田衎，郭伟臣，杨永，等. 波长色散 X 射线荧光光谱法测定土壤和水系沉积物中 13 种重金属元素［J］. 冶金分析，2019，39（10）：30-36.

［175］ 杨桂兰，倪晓芳，张长波. 基于便携式 X 射线荧光光谱法的土壤重金属快速检测［J］. 浙江农业学报，2019，31（11）：1903-1908.

［176］ Yamamoto K Y, Cremers D A, Ferris M J, et al. Detection of metals in the environment using a portable laser-induced breakdown spectroscopy instrument［J］. Applied Spectroscopy, 1996, 50（2）：222-233.

［177］ Ding Y, Xia G, J i H, et al. Accurate quantitative determination of heavy metals in oily soil by laser induced breakdown spectroscopy（LIBS）combined with interval partial least squares（IPLS）［J］. Analytical Methods, 2019, 11：3657-3664.

［178］ Hilbk-Kortenbruck, Noll F R, Wintjens P, et al. Analysis of heavy metals in soils using laser-induced breakdown spectrometry combined with laser-induced fluorescence［J］. Spectrochimica Acta Part B：Atomic Spectroscopy, 2001, 56（6）：933-945.

［179］ Alamelu D, Sarkar A, Aggarwal SK. Laser-induced breakdown spectroscopy for simultaneous determination of Sm,Eu and Gd in aqueous solution［J］. Talanta, 2008, 77（1）：256-261.

［180］ Brech, L C. Optical microemission stimulated by a ruby laser［J］. ApplSpectrosc, 1962, 16：59-67.

［181］ Cremers DA, Radziemski LJ, Loree TR. Spectrochemical analysis of liquids using the laser spark［J］. Appl Spectrosc, 1984, 38（5）：721-729.

［182］ K wong H S, Measures RM. Trace element laser microanalyzer with freedom from chemical matrix effect［J］. AnalChem, 1979, 51（3）：428-432.

［183］ Eland K L, Stratis D N, Gold DM. Energy dependence of emission intensity and temperature in a LIBS plasma using femtosecond excitation［J］. Applied Spectroscopy, 2001, 55（3）：286-291.

［184］ Breitman M, Ruizmoreno S, Gil A. Experimental problems in Raman spectroscopy applied to pigment identification in mixtures［J］. Acta Part A, 2007, 64（8）：1114-1119.

［185］ Janzen C, Fleige R, Noll R. Analysis of small droplets with a new detector for liquid chromatography based on laser-induced breakdown spectroscopy［J］. Spectrochimica Acta Part B：Atomic Spectroscopy, 2005, 60（7）：993-1001.

［186］余克强. 基于激光诱导击穿光谱技术的土壤理化信息检测方法研究 ［D］. 杭州：浙江大学，2016.

［187］Capitelli F, Colao F, Provenzano MR. Determination of heavy metals in soil by laser induced breakdown spectroscopy ［J］. Geoderma, 2002, 106 (1)：45-62.

［188］李勇，陆继东，林兆祥，等. 应用激光诱导击穿光谱检测土壤中的铅 ［J］. 应用光学，2008 (05)：789-792.

［189］黄基松，陈巧玲，周卫东. 激光诱导击穿光谱技术分析土壤中的 Cr 和 Sr ［J］. 光谱学与光谱分析，2009, 29 (11)：3126-3129.

［190］鲁翠萍，刘文清，赵南京，等. 土壤重金属铬元素的激光诱导击穿光谱定量分析研究 ［J］. 物理学报，2011, 60 (04)：388-392.

［191］张保华，江永成，张先燚，等. 土壤中微量元素锰的激光诱导击穿光谱定量分析 ［J］. 光谱学与光谱分析，2015, 35 (06)：1715-1718.

［192］方丽，赵南京，孟德硕，等. 激光诱导击穿光谱结合标准加入法定量分析未知样品中铅含量 ［J］. 光谱学与光谱分析，2015, 35 (01)：208-211.

［193］胡杨，李子涵，吕涛. 激光诱导击穿光谱结合人工神经网络测定地质标样中的铁含量 ［J］. 激光与光电子学进展，2017, 54 (05)：345-351.

［194］Wu C, Sun DX, Su MG, et al. Quantitative analysis of Pb in soil samples by laser-induced breakdown spectroscopy with a simplified standard addition method ［J］. Journal of Analytical Atomic Spectrometry, 2019, 34 (7)：1478-1484.

［195］Mohamad S, Paolo C. Quantitative analysis of aluminum alloys by laser-induced breakdown spectroscopy and plasma characterization ［J］. Applied Spectroscopy, 1995, 49 (4)：499-507.

［196］Stavropoulos P, Palagas C, Angelopoulos GN. Calibration measurements in laser-inducedbreakdown spectroscopy using nanosecond and picosecond lasers ［J］. Spectrochimica Acta Part B, 2004, 95 (12)：1885-1892.

［197］A. Bye C, Scheeline A. Saha-Boltzmann statistics for determination of electron temperature and density in spark discharges using an echelle/CCD system ［J］. Applied Spectroscopy, 1993, 47 (12)：2022-2030.

［198］Praher B, Palleschi V, Viskup R, et al. Calibration free laser-induced breakdown spectroscopy of oxide materials ［J］. Spectrochimica Acta Part B：Atomic Spectroscopy, 2010, 65 (8)：671-679.

［199］周炳琨，陈倜嵘. 激光原理 ［M］. 北京：国防工业出版社，2009.

［200］宋欢. 激光诱导土壤等离子体的表征 ［D］. 保定：华北电力大学，2019.

［201］Ahamer C M, Eschlb Ck-Fuchs, Kolmhofer P J, et al. Laser-induced breakdown spectroscopy of major and minor oxides in steel slags：Influence of detection geometry and signal normalization［J］. Spectrochimica Acta Part B：Atomic Spectroscopy, 2016（122）：157-164.

［202］Zhao C J, Dong DM, Du X F, et al. In-field,in situ and in vivo 3-dimensional elemental mapping for plant tissue and soil analysis using laser-induced breakdown spectroscopy［J］. Sensors, 2016, 16（10）：1764.

［203］陆运章, 汪家升, 李威霖, 等. 用激光诱导击穿光谱技术定量分析矿石样品中 Si 和 Mg［J］. 中国激光, 2009, 36（8）：2109-2114.

［204］卢渊, 吴江来, 李颖, 等. 基于激光诱导击穿光谱技术的土壤泥浆中 Pb 元素检测［J］. 光谱学与光谱分析, 2009, 29（11）：3121-3125.

［205］余洋, 赵南京, 王寅, 等. 含铅污泥中铅的激光诱导击穿光谱特性研究［J］. 中国激光, 2014, 41（7）：242-246.

［206］Aguirre M A, Legnaioli S, Almodóvar F, et al. Elemental analysis by surface-enhanced laser-induced breakdown spectroscopy combined with liquid-liquid microextraction［J］. Spectrochimica Acta Part B：Atomic Spectroscopy, 2013：79-80, 88-93.

［207］修俊山, 侯华明, 钟石磊, 等. 以滤纸为基质利用 LIBS 定量分析水溶液中铅元素［J］. 中国激光, 2011（08）：240-245.

［208］Yuan L, Ying L, Wu J, et al. Guided conversion to enhance cation detection in water using laser-induced breakdown spectroscopy［J］. Applied Optics, 2010, 49（13）：868-872.

［209］Li W, Liu M, Huang L, et al. Quantitative analysis of pb in ipomoea aquatica by laser-induced breakdown spectroscopy［J］. Laser & Optoelectronics Progress, 2014, 51（9）：093001.

［210］卢伟业, 陆继东, 姚顺春, 等. 复合肥氮磷钾元素含量的激光诱导击穿光谱同步测量［J］. 中国激光, 2011, 38（10）：169-174.

［211］李敏, 朱心勇, 徐媛, 等. 应用 LIBS 技术定量检测湖水样品中的铜［J］. 激光与光电子学进展, 2013（01）192-195.

［212］Lin Y Z, Yao M Y, Chen T B, et al. Parameter optimization for detecting Pb in soil by coaxial DB-LIBS［J］. Journal of Optoelectronics Laser, 2014, 25（3）：540-544.

［213］Pareja J, López S, Jaramillo D. Laser ablation-laser induced breakdown spectroscopy for the measurement of total elemental concentration in soils［J］. Applied Optics, 2013, 52（11）：2470-2477.

［214］Zhang D, Chen A M, Wang Q Y, et al. Effect of lens focusing distance on laser-induced silicon plasmas at different sample temperatures［J］. Plasma Science and Technology, 2019, 3 (21): 69-76.

[215] Nicolodelli G, Villas-Boas PR, Menegatti CR, et al. Determination of Pb in soils by double - pulse laser - induced breakdown spectroscopy assisted by continuum wave-diode laser-induced fluorescence [J]. Appl Opt, 2018, 57 (28): 8366-8372.

[216] Shaikh NM, Hafeez S, Kalyar MA, et al. Spectroscopic characterization of laser ablation brass plasma [J]. Journal of Applied Physics, 2008, 104 (10): 103108-7.

[217] Lesage A. Experimental stark widths and shifts for spectral lines of neutral and i-onized atoms a critical review of selected data for the period 2001-2007 [J]. New Astronomy Reviews, 2009, 52 (11): 471-535.

[218] Qin SJ, Li WJ. Micromachining of complex channel systems in 3D quartz sub-strates using Q-switched Nd: YAG laser [J]. Applied Physics A, 2002, 74 (6): 773-777.

[219] Qin S J, Li W R. Analysis of nano channel formation in quartz cubes by laser-in-duced process [J]. Acta Mechanica Sinica, 2004 (2): 125-131.

[220] Li X, Wei W, Wu J, et al. The influence of spot size on the expansion dynam-ics of nanosecond-laser-produced copper plasmas in atmosphere [J]. Journal of Applied Physics, 2013, 113 (24): 243304.

[221] Choi J H, Lee H J, Lee S H, et al. Effects of spot size variation on the laser in-duced breakdown spectroscopy analysis of Cu (In,Ga) Se$_2$ solar cell [J]. Thin Solid Films, 2018, 660: 314-319.

[222] Cabalin L M, Laserna J J. Experimental determination of laser induced breakdown thresholds of metals under nanosecond Q-switched laser operation [J]. Spectro-chimica Acta Part B: Atomic Spectroscopy, 1998, 5 (53): 723-730.

[223] Raǐzer Y P. Breakdown and heating of gases under the influence of a laser beam [J]. Soviet Physics Uspekhi, 1966, 8 (5): 650-673.

[224] Li S X, Bai ZC, Huang Z, et al. Study on the mechanism of laser induced plasma processing of quartz microchannels [J]. Acta Physica Sinica, 2012, 61 (11): 115201.

[225] Gao L, Cao H. Analytical research on optical breakdown threshold in liquids [J]. Laser Journal, 2017, 8: 52-55.

[226] Fan C H, Longtin JP. Modeling optical breakdown in dielectrics during ultrafast laser processing [J]. Applied Optics, 2001, 18 (40): 3124.

[227] Shen Y R. The principles of nonlinear optics [J]. Laser and Partick Beams,

1986，2（4）：318-319.

[228] Kennedy，P. K. A first－order model for computation of laser－induced breakdown thresholds in ocular and aqueous media. I. Theory［J］. IEEE Journal of Quantum Electronics，1995，12（31）：2241-2249.

[229] Docchio F，Regondi P，Capon MRC，et al. Study of the temporal and spatial dynamics of plasmas induced in liquids by nanosecond Nd：YAG laser pulses 2：Plasma luminescence and shielding［J］. Applied Optics，1988，27（17）：3669-3674.

[230] Chan LY，Mostovych AN，Kearney KJ. Experimental stark widths and shifts for spectral lines of neutral and ionized atoms［J］. Phys Chem，1976，5（2）：259-308.

[231] Cabalin L M，J. J. L. Experimental determination of laser induced breakdown thresholds of metals under nanosecond Q－switched laser operation［J］. Spectrochimica Acta Part B Atomic Spectroscopy，1998，53：723-730.

[232] Meng D，Zhao N，Ma M，et al. Application of a mobile laser－induced breakdown spectroscopy system to detect heavy metal elements in soil［J］. Appl Opt，2017，18（56）：5204-5210.

[233] Krasniker R，V Bulatov，Schechter I. Study of matrix effects in laser plasma spectroscopy by shock wave propagation［J］. Spectrochimica Acta Part B：Atomic Spectroscopy，2001，56（6）：609-618.

[234] 马锦如. 基体效应及空白在不同校准方法中的影响和校正［J］. 环境监测管理与技术，1993（02）：7-13.

[235] 张武高，李相波，程玉轩. LMESA 法中熵对基体效应的影响［J］. 湖北师范学院学报（自然科学版），1987（02）：16-18.

[236] Eppler A S，Cremers D A，Hickmott D，et al. Matrix effects in the detection of pb and ba in soils using laser－induced breakdown spectroscopy［J］. Applied Spectroscopy，1996，50（9）：1175-1181.

[237] 郑利娟. 激光诱导击穿光谱定量分析及应用研究［D］. 上海：华东师范大学，2016.

[238] Zhang Y S，G J Lee，J T Lee，et al. Quantitative elemental analysis in soils by using laser induced breakdown spectroscopy（LIBS）［J］. Korean Journal of Soil Science and Fertilizer，2009，42（5）：399-407.

[239] Zheng L，S Niu，A Q Khan，et al. Comparative study of the matrix effect in Cl analysis with laser－induced breakdown spectroscopy in a pellet or in a dried solution layer on a metallic target［J］. Spectrochimica Acta Part B：Atomic Spec-

troscopy, 2016, 118: 66−71.

[240] González J J, Mao X L. Double pulse laser induced breakdown spectroscopy: experimental study of lead emission intensity dependence on the wavelengths and sample matrix [J]. Spectrochimica Acta Part B: Atomic Spectroscopy, 2009, 64 (2): 147−154.

[241] 郑培超, 李晓娟, 王金梅, 等. 再加热双脉冲激光诱导击穿光谱技术对黄连中 Cu 和 Pb 的定量分析 [J]. 物理学报, 2019, 68 (12): 198−205.

[242] Ciucci A, Corsi M, Palleschi V, et al. New procedure for quantitative elemental analysis by laser−induced plasma spectroscopy [J]. Applied Spectroscopy, 1999, 53 (8): 960−964.

[243] Gornushkin I, Anzano J, King L, et al. Curve of growth methodology applied to laser−induced plasma emission spectroscopy [J]. Spectrochimica Acta Part B: Atomic Spectroscopy, 1999, 54 (3−4): 491−503.

[244] Sherbini E, Hegazy H, Russoe R, et al. Evaluation of self−absorption coefficients of aluminum emission lines in laser−induced breakdown spectroscopy measurements [J]. Spectrochimica Acta Part B: Atomic Spectroscopy, 2005, 60 (12): 1573−1579.

[245] Sun LX, HU Y. Correction of self−absorption effect in calibration−free laser−induced breakdown spectroscopy by an internal reference method [J]. Talanta, 2009, 79 (2): 388−395.